北平抗日斗争历史丛书

北平抗日斗争遗址遗迹纪念设施

中共北京市委党史研究室
北京市地方志编纂委员会办公室 组织编写

杨胜群　李良　主编

中共北京市委党史研究室
北京市地方志编纂委员会办公室 著

北京出版集团
北京人民出版社

图书在版编目（CIP）数据

北平抗日斗争遗址遗迹纪念设施 / 中共北京市委党史研究室，北京市地方志编纂委员会办公室组织编写；中共北京市委党史研究室，北京市地方志编纂委员会办公室著. — 北京：北京人民出版社，2023.8
（北平抗日斗争历史丛书 / 杨胜群，李良主编）
ISBN 978-7-5300-0587-3

Ⅰ.①北… Ⅱ.①中… ②北… Ⅲ.①抗日斗争—遗址—纪念建筑—北京 Ⅳ.①TU251

中国国家版本馆 CIP 数据核字(2023)第027969号

北平抗日斗争历史丛书
北平抗日斗争遗址遗迹纪念设施
BEIPING KANG RI DOUZHENG YIZHI YIJI JINIAN SHESHI
中共北京市委党史研究室
北京市地方志编纂委员会办公室 组织编写
杨胜群 李 良 主编
中共北京市委党史研究室
北京市地方志编纂委员会办公室 著
*
北京出版集团
北京人民出版社 出版
（北京北三环中路6号）
邮政编码：100120
网 址：www.bph.com.cn
北京出版集团总发行
新华书店经销
河北宝昌佳彩印刷有限公司印刷
*
787毫米×1092毫米 16开本 19.825印张 282千字
2023年8月第1版 2023年8月第1次印刷
ISBN 978-7-5300-0587-3
定价：78.00元
如有印装质量问题，由本社负责调换
质量监督电话：010-58572393
编辑部电话：010-58572798；发行部电话：010-58572371

序　言

中国人民抗日战争，是近代以来中国人民反抗外敌入侵持续时间最长、规模最大、牺牲最多，并第一次取得完全胜利的民族解放斗争。中国人民以顽强的意志和英勇的斗争，彻底打败了法西斯主义，取得了正义战胜邪恶、光明战胜黑暗、进步战胜反动的伟大胜利。这个伟大胜利，是中华民族从近代以来陷入深重危机走向伟大复兴的历史转折点，也是世界反法西斯战争胜利的重要组成部分，是中国人民的胜利，也是世界人民的胜利，将永远铭刻在中华民族史册上，永远铭刻在人类正义事业史册上。

在中华民族生死存亡的历史关头，中国共产党秉持民族大义，高举抗日旗帜，积极倡导、有力推动以国共合作为基础的抗日民族统一战线，同日本侵略者进行了最英勇、最坚决的斗争，成为全民族抗战的中流砥柱。全体中华儿女共赴国难、浴血奋战，彰显了中华民族威武不屈的脊梁和精神。

北平抗日斗争是中国人民抗日斗争的重要组成部分，在全国抗战中具有独特地位和作用。这里是一二・九运动的策源地，由此掀起抗日救亡运动新高潮；这里是全民族抗战的爆发地，由此拉开全民族抗战帷幕；这里是华北抗战的前沿阵地，由此成为晋察冀抗日根据地重要组成部分。在这片红色沃土上，北平军民为国家生存而战、为民族复兴而战、为人类正义而战，涌现出许多可歌可泣的英雄人物，书写了许多感天动地的英雄壮举，他们血染的风采成为伟大抗战精神的生动写照。

为继承和弘扬伟大抗战精神，配合以卢沟桥、宛平城为代表的抗日斗争主题片区保护利用，深入挖掘北平抗日斗争历史内涵，经报请中共北京市委批准，我们策划编写了“北平抗日斗争历史丛书”。丛书由《抗日救亡运动新高潮》《全民族抗战起点》《到前线去　到根据地去》《故宫文物南迁》《平津高校外迁》《北平沦陷区的抗日斗争》《平郊抗日根据地》《北平抗日秘密交通线》《迎接抗战最后胜利》《北平抗日斗争群英荟》《北平抗日斗争遗址遗迹纪念设施》《北平抗日斗争文物故事》12种书构成。

丛书重点聚焦一二・九抗日救亡运动兴起、全民族抗战爆发、北平城内地下斗争、平郊抗日根据地的开辟和敌后游击战争等重大历史事件，全面回顾了北平抗日斗争波澜壮阔的历史进程，全景展现了北平军民不屈斗争的历史画卷，深刻诠释了北平军民以铮铮铁骨战强敌、以血肉之躯筑长城、以前仆后继赴国难的英雄气概和重要贡献。

丛书定位于学术研究基础上的专题历史著作，面向广大党员干部和社会大众，兼具思想性、政治性、通俗性和原创性，努力将之打造成权威可信、可读可学的精品力作。丛书总体呈现以下几个显著特点：

一是导向正确。坚持以党的三个历史问题决议精神和习近平总书记关于党的历史和党史工作重要论述为遵循，坚持以马克思主义立场、观点和方法为指导，牢牢把握抗战历史的主题和主线、主流和本质，坚决反对任何否认日本军国主义侵略历史甚至美化侵略战争和殖民统治等谬论。

二是权威科学。坚持党性和科学性相统一，实事求是反映历史的真实。编撰组织上，邀请党史、军史、抗战史相关领域权威专家担任编委或作者。资料运用上，坚持以原始档案、权威文献著作为依据，在全面收集相关资料基础上，注重发掘新史料，吸收新成果，确保内容的准确性和科学性。

三是主题鲜明。紧紧扭住北平作为一二・九运动策源地、全民族抗战爆发地、华北抗战前沿阵地等关键点，深刻揭示北平在全国抗日斗争中的地位和作用，深刻揭示中国共产党的中流砥柱作用是抗战胜利的关键、全民族抗战是抗战胜利的法宝、伟大抗战精神是抗战胜利的决定因素。

四是可读可学。布局上坚持统分结合、融为一体，叙事上注重条理清晰、逻辑严谨，语言上力求通俗易懂、生动活泼，设计上做到图文并茂、相得益彰，努力使丛书成为激励广大党员干部和人民群众在新时代奋发有为的教科书、营养剂与清醒剂。

中国人民在抗日战争的壮阔进程中孕育出伟大抗战精神，向世界展示了天下兴亡、匹夫有责的爱国情怀，视死如归、宁死不屈的民族气节，不畏强暴、血战到底的英雄气概，百折不挠、坚韧不拔的必胜信念。这一伟大精神，始终熔铸于北平抗日军民血液之中，并得到充分释放和展现，今天依然是我们书写实现中华民族伟大复兴中国梦北京篇章的重要力量源泉。奋进新征程、建功新时代，我们必须大力传承和弘扬伟大抗战精神，坚定不移坚持党的领导，自觉拥护“两个确立”、增强“四个意识”、坚定“四个自信”、做到“两个维护”，筑牢历史记忆，担当历史使命，锲而不舍为实现中华民族伟大复兴而奋斗。

目　录

前　言

抗日战争时期，面对日本侵略者的血腥屠刀，北平军民始终坚守民族大义，维护民族尊严，同仇敌忾，共赴国难，誓死抗争，浴血奋战，在广袤的京华大地上演了一幕幕百折不挠、抵御外侮的壮丽活剧，留下了一个个铭刻历史、内涵深厚的红色遗迹，闪耀着中华民族最可宝贵的精神光芒。

《北平抗日斗争遗址遗迹纪念设施》一书，精选北京市现行政区划内抗日斗争中的重要机构团体旧址、重要事件遗址遗迹、重要人物纪念地（碑、墓等）、重要纪念场馆设施、侵华日军暴行遗址共55处，通过深度挖掘内涵，盘活红色资源，集中展现北平军民波澜壮阔的抗日斗争历程。

“夜阑卧听风吹雨，铁马冰河入梦来。”书中既有反映血战古北口的长城抗战纪念馆，又有承载红色记忆的樱桃沟畔的一二·九运动纪念亭；既有全民族抗战爆发地卢沟桥，又有巍然耸立的浴血丰碑南口战役旧址；既有见证白区工作实现历史性转变的中共中央北方局办公地，又有平郊抗日根据地的指挥中枢冀热察挺进军司令部；既有点燃平北抗日烈火的沙峪战斗纪念碑，又有筑就抗日地下长城的焦庄户地道战遗址纪念馆；既有胡同深处的隐蔽战线黄浩地工组联络点，又有国际友人开辟的“林迈可小道”和“驼峰航线”；既有见证未名湖畔抗日风云的燕京大学旧址，又有在光鲜外衣掩盖下罪恶累累的日军细菌部队旧址……

一处处遗址遗迹，一桩桩历史事件，一件件革命文物，诠释着北平军民血与火的抗争、家与国的情怀，熔铸成伟大抗战精神的北平元素，激励着我们向着新时代的诗与远方踔厉奋发、赓续前行。

机构学校旧址遗迹

中共中央北方局办公地旧址

中共中央北方局办公地旧址包括两处：一处是西城区四眼井胡同10号，另一处是鲍家街寿逾百胡同17号。现均已不存。1937年2月下旬，刘少奇带领中共中央北方局机关由天津迁至北平，先后在上述两地居住办公，领导北方地区党组织建立抗日民族统一战线，总结白区工作经验教训，有力推动白区工作实现历史性转变。4月21日，刘少奇离开北平赴延安参加白区工作会议。七七事变后，北方局撤出北平，转往太原。

四眼井胡同刘少奇在京居住地旧址（现已不存）

推动白区工作的历史性转变

刘少奇在党内长期从事国民党统治区的工人运动和党的秘密工作，具有丰富的白区工作经验。1937年2月，刘少奇带领中共中央北方局机关来到北平，先后住在西城区四眼井胡同10号、寿逾百胡同17号。在这里，北方局进一步系统总结党的白区工作的经验教训，努力推动党的白区工作实现历史性转变。

迁驻北平领导抗日统一战线工作

华北事变后，北平爆发一二·九爱国学生运动，在全国掀起抗日救亡新高潮。为加强对华北地区抗日救亡运动的领导，1936年2月，刘少奇受中共中央委派到达天津，担任驻北方代表，领导北方局工作。

刘少奇通过深入调研发现，由于党中央在遵义会议后的正确路线精神没有及时传达到白区，北方党组织指导思想上受王明“左”倾教条主义错误的影响仍然存在。他在党内外刊物发表一系列文章，批判“左”倾关门主义和冒险主义，扩大宣传党的抗日民族统一战线理论和政策，消除各界人士和群众对共产党的种种误解，推动华北各界联合起来。

此前，由于党内“左”倾错误以及国民党的白色恐怖，北方党组织遭到严重破坏。刘少奇领导北方局恢复发展了北平、天津、山东、山西等地的党组织，党领导下的进步青年组织中华民族解放先锋队也迅速发展起来。鉴于华北地区干部缺乏，刘少奇请示党中央同意，组织营救被国民党当局关在北平草岚子监狱的薄一波、刘澜涛和安子文等几十名党员分批出狱，分配到山西、河北、北平、天津等地工作。其间，刘少奇还着手解决北平市委内部的历史遗留问题，调整充实北平市委领导成员，指导北平党组织改进工作作风。

面对日军大举增兵华北的严峻形势，刘少奇领导北方局积极争取国民党第29军抗日，指示北平市委在组织群众游行时讲究策略，将“打倒卖国贼宋哲元”的口号，改为“拥护宋委员长抗日”“拥护二十九军抗日”。有一次，游行队伍巧遇宋哲元的汽车，学生递上一张传单，宋哲元看传单上写着“拥护宋委员长抗日”，含笑而去，随即下令召集群众到景山集会，派北平市市长向群众讲话，表达抗日立场，数万群众齐唱救国歌曲。刘少奇还派北方局华北联络局负责人王世英、华北联络局北平小组负责人张友渔，通过关系在第29军上层军官中开展统战工作，并指示北平市委组织学生赴军营慰问，支援绥远抗战，大大激发了官兵抗日热情。

西安事变爆发后，抗日民族统一战线局势发生根本变化。刘少奇与北方局组织部部长彭真等研究后，认为北平是北方政治文化中心，革命形势和环境已明显好转，遂决定将北方局从天津迁到北平。

刘少奇安排北方局秘书林枫到北平寻找合适驻地。林枫和妻子郭明秋先在砖塔胡同内四眼井胡同10号找到一个偏僻的小四合院，租下院里的3间北房，搬了进去。不久，刘少奇和北方局机关也迁驻此处。后来又搬到鲍家街寿逾百胡同17号。这是一个跨院，院里有一棵大槐树，房前利于掩护，房后便于转移，且位置靠近西南城根，十分隐蔽。

安顿下来后，刘少奇在这里领导北方局指导各地党组织开展抗日救亡和统战工作。1937年2月28日，在北方局指导下，华北各界救国联合会和华北学生救国会在北平中国大学召开大会，呼吁在抗日救国旗帜下，努力谋求各方面的统一与团结。同时，刘少奇派彭真去太原，指导山西党组织进一步推动山西上层抗日统一战线工作。4月，北方局在恢复建立河南临时工委的基础上，正式成立中共河南省工作委员会，领导推动河南抗日救亡运动。

根据党内秘密工作的规定，刘少奇使用“胡服”“老戴”等化名，郭明秋很长时间都不知道他的真实身份，只听林枫说这是中央派来的代表。刘少奇有胃病，吃得很少，还经常失眠。林枫叮嘱妻子想方设法照顾好他的身体，郭明秋便时常给刘少奇做些软烂的饭菜。那段时间，刘少奇除了和相关同志谈工作，日夜忙着写东西，晚上经常就着昏暗的电灯伏案工作到深夜，有时还要再点盏煤油灯，写累了就起身在屋里踱步沉思。林枫感慨地对妻子说:“老戴这人有个特点，他特别用功。”

总结白区工作经验教训

刘少奇在这里思考最多的，是大革命失败以来白区工作存在的问题和经验教训，经常以写信和报告的方式，向中央汇报工作，并提出自己的工作建议。

3月4日，刘少奇给主持中央工作的张闻天写了一封万言长信，系统地谈了对白区工作的看法。他指出，我们在白区受到了极大损失，不仅没有完成党的六大提出的争取群众、准备力量的任务，而且在组织上也被大大削弱了，有数十万党员牺牲、数万人被国民党监禁。仅以北平党组织为例，1927年至1935年间曾先后遭受16次大破坏。他认为，造成这些损失的原因，除了客观上来自帝国主义和国民党的白色恐怖，主要还是八七会议以来，党内存在的“左”倾冒险主义与宗派主义错误。

刘少奇在信中，着重回顾反思了党的六届四中全会之后到瓦窑堡会议之前的白区工作。九一八事变后，反日斗争开始成为中国人民的主要革命斗争。当时以博古为首的临时中央未能把握形势变化，而是照搬共产国际指示，提出“武装保卫苏联”脱离实际和脱离群众的口号。他们无视国民党内部的分化破裂和中间派要求抗日的积极变化，没有及时采取统一战线策略，仍强调国民党政权与苏维埃政权的对立，要求各地党组织发动兵变和工农运动，甚至要求北方立即创造“北方苏维埃区域”和红军。刘少奇在信中指出，因为冒险主义和关门主义，导致当初重大关头错失了革命大好形势，对照当下，应警惕西安事变后革命情绪高涨，群众运动容易出现“左”的倾向。

刘少奇还总结了以往白区工作中没有解决好的几个问题。一是公开工作与秘密工作的关系问题。主要表现为：提倡冒险精神，常常用“怕死”等话语批评同志；取消公开工作，认为利用合法手段就是右倾。二是群众斗争策略问题。革命的准备时期主要应积聚和加强群众力量，但过去在白区常常无条件、无目的地坚持斗争到底。三是宣传鼓动工作问题。工作中常常存在宣传口号与行动口号分不清、公开宣传与秘密宣传分不清、对外宣传与对内教育分不清等问题。四是党内斗争问题。在推动工作的方式方法上，带着浓厚的宗派主义、命令主义成分，用纪律和组织手段解决问题，而不是说服教育。这些都是“左”倾错误在白区实际工作中的反映和表现。

对今后的工作，刘少奇建设性地提出了一些原则方法，比如：白区一切工作的目标应是准备和积蓄力量，党的秘密工作必须与公开的群众工作完全分开，党内出现问题最好通过在政治原则上取得一致来解决，非必要不使用纪律与组织手段，等等。[①]

3月底，刘少奇又给中央写了一份报告，针对西安事变和平解决后各党派、各方面人士对国共合作的反应，提出必须建立合法的群众组织，采用合法方式开展群众工作。[②]

召开党的白区工作专门会议

刘少奇的信和报告引起党中央高度重视。中央政治局两次开会讨论白区工作问题，并决定召开专门会议，用极大力量推动国民党统治区党和群众工作的转变。[③]4月4日，刘少奇接到周恩来的电报，通知他月底前到延安开会。刘少奇安排林枫留守主持北方局工作，以电台保持联络，便动身离开北平，月底到达延安。

5月17日，党的白区工作会议开幕，张闻天、刘少奇主持。刘少奇做《关于白区的党和群众工作》报告。报告长达2.5万字，分为11个问题，内容主旨与写给张闻天的信是一致的，是他在北平期间深入反思白区工作的总结。报告中要求“坚决抛弃主观主义与形式主义，用马克思主义的辩证

① 刘少奇:《关于过去白区工作给中央的一封信》(1937年3月4日),《中共中央文件选集》第11册，中共中央党校出版社1991年版，第801—818页。

② 金冲及主编:《刘少奇传(1898—1969)》(上)，中央文献出版社2008年版，第232页。

③ 金冲及主编:《刘少奇传(1898—1969)》(上)，中央文献出版社2008年版，第233页。

法来代替；坚决肃清关门主义与冒险主义的历史传统，用布尔什维主义来代替”[1]。刘少奇的报告，在会上引起巨大震动和激烈争论，有人认为报告的结论是错误的。

为了统一思想，中共中央在大会间隙召开政治局会议进一步讨论白区工作问题。针对政治局内部认识不一致，毛泽东发言明确指出：“少奇的报告基本上是正确的，错的只在报告中个别问题上。”他称赞刘少奇在白区工作方面经验丰富，“系统地指出党在过去时间在这个问题上所害过的病症，他是一针见血的医生”。毛泽东还肯定地指出：“我们党中存在着某种错误的传统，这就是群众问题上、宣传教育问题上、党内关系上的‘左’的关门主义、宗派主义、冒险主义、公式主义、命令主义与惩办主义的方式方法与不良习惯的存在。这在全党内还没有克服得干净，有些还正在开始系统地提出来解决。新的环境与任务迫切要求对这个问题来一个彻底的转变。”[2]

6月6日，白区工作会议继续进行。张闻天在会上讲话肯定刘少奇的报告“基本上是正确的”，并做《白区党目前的中心任务》报告。刘少奇做总结发言，认为会议发扬了民主，他表示接受正确的批评意见，最后着重阐述了党在统一战线中争取领导权、利用公开与合法手段组织广大群众的重要性。

这次会议基本明确了新形势下党在国民党统治区工作的策略和任务，对推动白区工作彻底转变起了重要作用。会后，刘少奇原本打算稍作停留就返回北平，但不久七七事变爆发，华北形势急剧变化。根据中央指示，刘少奇发电报给留在北平的林枫，提出“为保卫华北平津抗战到底”“集合一切力量抵抗日寇”等主张。7月29日北平沦陷，新的北方局领导机关在太原组建办公，林枫等人安排好善后工作于8月7日撤离北平。

北方局驻北平期间，刘少奇对白区工作进行深刻反思，领导宣传贯彻党的抗日民族统一战线政策，体现了坚定的革命信念和对党的忠诚，也展

---

① 《关于白区的党和群众工作》,《刘少奇选集》(上卷)，人民出版社1981年版，第71页。

② 毛泽东在中共中央政治局会议上的发言记录，1937年6月3日。转引自金冲及主编：《刘少奇传（1898—1969）》(上)，中央文献出版社2008年版，第239页。

示了高度的政治勇气和理论水平。历史证明，刘少奇代表了党在白区工作的正确路线。正如党的六届七中全会《关于若干历史问题的决议》中指出的："刘少奇同志在白区工作中的策略思想，同样是一个模范。"

（执笔：陈丽红）

东北民众抗日救国会成立处

东北民众抗日救国会成立处位于西城区复兴门内大街39号，原为清政府旧刑部街12号，1919年张作霖以6万银圆买下，捐作奉天会馆。九一八事变爆发后不久，流亡北平的东北爱国人士在此成立“东北民众抗日救国会”，广泛发动民众以多种形式支持东北抗日，后被国民党北平军分会强令停止公开活动。东北民众抗日救国会虽然存在不到两年时间，但它彰显的不屈不挠、抵御外辱的抗争精神，依然被人们所铭记。

东北民众抗日救国会原址（现已不存）

东北民众抗日救亡的旗帜

“打回老家去！打走日本帝国主义！东北地方是我们的！他杀死我们同胞，他抢占我们土地，东北同胞快起来！我们不做亡国奴隶……”九一八事变后，流亡关内的东北爱国志士、青年学生和广大民众，在北平奉天会馆组建东北民众抗日救国会（简称“救国会”），成为东北民众抗日救亡的旗帜，对推动早期东北抗日救亡运动发挥了重要作用。

创建抗日团体

“九一八,九一八，从那个悲惨的时候！脱离了我的家乡，抛弃那无尽的宝藏，流浪！流浪！……”

民族危亡的紧要关头，中国共产党率先举起武装抗日的旗帜。1931年9月20日，中共中央发表宣言，响亮提出“反对日本帝国主义强占东三省”；22日，做出《关于日本帝国主义强占满洲事变的决议》，指出“特别在满洲更应该加紧的组织群众的反帝运动”。

在中国共产党的影响下，东北爱国志士、青年学生纷纷行动起来，在各地组建抗日团体。9月26日，辽宁省教育会副会长兼辽宁省国民外交协会负责人王化一，邀请省农会会长高崇民、省国民外交协会会长阎宝航和省工会联合会会长卢广绩等人，聚集北平共同商议，联合北平的“东北同学抗日救国会”、“东北同乡反日救国会”和锦州的“抗日救国会”，共同组建统一的东北抗日救国团体。于是，他们分头联系，得到三个团体领导人、东北各界人士和青年学生的广泛响应。

27日，东北民众抗日救国会成立大会，在奉天会馆东院哈尔飞大戏院召开，与会者达400多人。大会决定：以抵抗日本侵略、共谋收复失地、保护主权为宗旨，一致通过《告东北民众书》为救国会成立宣言，将奉天会馆东西两院作为办公地点，并选出27名委员。

10月20日，各委员齐聚北平，召开委员会全体会议，选举常委9人，下设总务、军事、宣传3个组。总务组由卢广绩、高崇民任正、副组长，负责募捐筹款、分配救济物资、给前方运送军需等工作；宣传组由阎宝航、杜重远任正、副组长，负责出关人员的政治培训和抗日宣传；军事组由王化一、彭小秋任正、副组长，负责组织指导义勇军的抗日斗争。

救国会的成立，在北平树起一面鲜明的抗日救国旗帜，东北各界爱国人士纷纷参加。他们中既有东北军中主张抗日的高级军官黄显声、彭小秋等，也有辽宁省各反日团体的领导人高崇民、车向忱等；既有共产党员、共青团员以及反帝大同盟成员宋黎、张希尧等，也有国民党及其改组派梅公任、吴焕章等。他们的加入，不仅壮大了救国会的声势，更加激发了关内外民众的抗日救亡热情。

推动东北抗战

救国会一经成立，各组很快行动起来，按照职责分工立即投入到紧张的抗日救亡工作之中，汇聚成反对日本侵略的滚滚洪流。

广泛开展大规模抗日宣传。他们一面在北平组织东北流亡青年成立宣传队，沿平津、平汉等铁路线，到附近城镇和村庄宣传抗日救国道理，号召各界群众为东北义勇军捐款，以实际行动支持东北抗战；一面又派出车向忱、阎宝航、王化一、杜重远等人分赴南京、上海、广州等地，举行记者招待会、报告会和座谈会，并组织请愿活动，控诉日本侵略东北的野蛮暴行，督促国民党政府出兵抗日，唤醒全国人民奋起抵抗。他们创办《救国旬刊》《复巢月刊》《东北通讯》等报刊，系统报道东北义勇军战况，批驳国民党“攘外必先安内”的反动政策，号召人们团结起来，为“打回老家、收复失地”战斗到底。他们还多方收集资料，向国联调查团[1]揭露日本侵略东北的罪行。

他们对流亡北平的东北民众伸出救援之手，在张学良支持下，或出资，或动员，先后把奉天会馆、江西会馆、习艺所改为男生收容所，红十字会改为女生收容所，湖广会馆、安徽会馆、河南会馆改为普通难民收容所。为解决难民就学、就业问题，他们帮助冯庸大学、东北大学先后在北平复校，成立东北难民教养院，开办工厂、小学、幼儿园等，收容逃亡到北平的抗日人员家属和难民。

他们在北平宣武门外骡马市大街，成立东北民众义勇军指导委员会，下设军事部、政治部，分别指导义勇军作战和宣传。针对东北抗日武装各自为战的局面，救国会先后派出人员，担任军事、政治指挥员或联络员，沟通各路义勇军之间的联系。1932年4月，辽宁各地义勇军接受救国会委任的已达54路27个支队，另有骑兵6路。6月，救国会将辽宁义勇军划分为5个军区，人数达20多万。

在中共中央北方局指示下，救国会的地下党员还举办培训班，培养革命骨干。1933年8月至10月，张希尧、宁匡烈等共产党人，挑选政治上要求进步的东北流亡青年，秘密在北平西山卧佛寺举办军事政治训练班，对外称“学生夏令营委员会”，主要培训马列主义、时事政治、游击战术、爆破技术等。受训青年很快掌握了同日寇进行斗争的本领，培训结束后大部分人被派往东北加入抗日义勇军。

转入秘密斗争

救国会的抗日救亡活动，引起了国民党当局的极度不满，不断进行分化打压。

1932年3月，国民党要员陈公博以及吴铁城、胡汉民的代表相继来到北平，要求救国会听从国民党政府指挥。救国会明确答复，如若政府出兵抗

---

① 1931年12月，国际联盟理事会通过决议，派“国联调查团”赴中国东北调查。

日，愿为前驱听从指挥。不久，蒋介石又派人拉拢，救国会的态度仍然是要求政府出兵抗日，收复失地。拉拢未果，国民党又企图分化，指示东北籍的CC派分子，与救国会分庭抗礼，组织各种名目的“抗日”团体，向青年学生灌输“攘外必先安内”的反动思想。

1933年长城抗战期间，何应钦取代张学良执掌国民党北平军分会，开始对救国会采取限制与打压政策。5月,《塘沽协定》签订，明确要求停止华北各种抗日活动，救国会面临被取缔的危险。6月10日，救国会分别发表致蒋介石、何应钦的公开信，表示抗日无罪，为收复失地做出任何牺牲都在所不惜。然而，换来的却是国民党政府更加严酷的迫害。国民党宪兵第3团以“救国会内藏有共产党分子和共产党宣传品”为由，查抄了救国会。随后，华北政务委员会切断了救国会的经济来源，何应钦还派人送来最后通牒:“救国会应根据协定，应速予取消。”救国会据理力争，何应钦却以“不能公开活动以引起外交上麻烦”为由，威逼救国会立即停止活动。

面对国民党当局的步步紧逼，7月31日，救国会召开最后一次常务委员会，决定：不仅不停止活动，更应积极展开抗日救亡活动；缩小组织，裁汰不必要人员更求精练；为避免摩擦，转入秘密行动。此后，救国会由公开转入地下。一个月后，形势急剧恶化，救国会被迫停止一切活动。

抗争的热情没有消退，抗日的烽火不会熄灭。救国会的主要领导成员和骨干，在九一八事变爆发两周年那天，又在北平秘密成立以“团结关内东北籍人士，恢复国土”为宗旨的“复东会”，继续高举抗日旗帜打击倭寇，为抗战胜利做出了重要贡献。

（执笔：冯雪利）

北京辅仁大学旧址

辅仁大学旧址位于西城区定阜街1号，原为清朝载涛贝勒的府邸，1925年出租给罗马教廷，在辅仁学社的基础上创办辅仁大学。成立伊始，设有文、理、教育3个学院，后来发展规模最大时有4个学院、13个系、6个研究所。七七事变后，学校的教会背景使其得以留守北平沦陷区，师生以各种形式反抗日伪统治，表现出不屈不挠的爱国精神。1952年，辅仁大学并入北京师范大学，现址为北京师范大学继续教育学院。2013年，辅仁大学旧址被列为全国重点文物保护单位。

辅仁大学旧址（现为北京师范大学继续教育学院）

沦陷区里的文化孤岛

卢沟桥事变后，北平沦陷。城内一些国立和私立大学纷纷迁至大后方。作为教会学校，辅仁大学继续在北平办学，直至抗战胜利。在这座文化孤岛上，师生团结一心，反抗日伪统治，抵制帝国主义奴化教育，度过了8年艰难岁月。

坚持“三不”

辅仁大学的前身辅仁学社，由中国天主教北方领袖英敛之于1913年创办。“辅仁”取自《论语·颜渊》中的“君子以文会友，以友辅仁”。1925年，在英敛之等人的积极倡导下，经罗马教廷授意，美国本笃会筹集资金永久租下原清朝载涛贝勒府，在辅仁学社的基础上创办辅仁大学，英敛之去世后，陈垣继任校长。1933年，德国天主教圣言会接办辅仁大学。鉴于日德同盟关系，学校在管理形式上相对宽松，许多青年学子将该校作为报考重点，学校规模得以扩大。

北平沦陷后，辅仁大学充分利用有利的国际关系，培养爱国青年，延续民族教育，坚守行政独立、学术自由的立场，并基本延续了原有注重民族文化的教学设置。

日伪极力推行奴化教育，辅仁大学却毅然坚持自己的办学宗旨。他们不仅借助教会力量应对日伪滋扰，还在英、美、德使馆的斡旋下，一次次化解危机。为培养青年学生的爱国精神，学校积极联络平津地区其他国际性教育团体，争取到了不改用日文教材、不悬挂日本国旗、不把日文作为必修课的“三不”原则。

1938年5月，日伪政府命令北平各机关、学校悬挂日伪旗帜，强令学生上街游行“庆祝”日军侵占徐州。辅仁大学拒绝挂旗和参加游行，师生们高喊:“我们国土丧失，只有悲痛，要庆祝，办不到。”这一行为激怒了日伪政府，下令辅仁大学停课整顿三天。

尽管日伪的管制越来越严苛，形势越来越严峻，办学环境越来越恶劣，辅仁大学却将这“三不”原则一直坚持到抗战胜利，实属难能可贵。

拒任伪职的校长

北平各大学校纷纷南迁后，辅仁大学校长陈垣也可以一走了之，但是，他不愿丢下辅仁广大师生，毅然留下与日伪抗争。

民族危难之际，陈垣坚持学术救国。他在《辅仁年刊》上撰文，以历史上的忠烈之士为榜样，激发学生的爱国之志。还发起成立辅仁大学史学研究所、史学会和语文学会。他在毕业同学录上题词:“益者三友，损者三友。友直，友谅，友多闻，益矣；友便辟，友善柔，友便佞，损矣。”教育同学们身处困境、逆境，当自强、自立、自尊，不能只顾眼前利益，不能见利忘义，更不能认贼作父，助纣为虐，去当汉奸。

鉴于陈垣在北平教育界的影响力，日伪多次用高官厚禄诱使他出任伪职，都被严词拒绝。一次，日伪成立“东亚文化协议会”，请他出任副会长，说这是大东亚最高的文化机构，每月薪资几千元。陈垣义正词严地说:“不用说几千元，就是几万元我也不干。”当听到日伪拟改请他的某个老朋友出任时，他连夜去找这位朋友，希望朋友不要答应此事。得知此人已经应允，陈垣拂袖而去，从此不再往来。

陈垣还通过研究宗教，著书立说，表达自己的爱国情怀。他先后撰写了《明季滇黔佛教考》《清初僧诤记》《南宋初河北新道教考》等著作。其中《明季滇黔佛教考》一书，在考证明末清初云贵两省佛教发展历史过程中，融入许多知识分子怀念故国、抗节不仕的事迹，彰显了传统爱国精神。历史学家陈寅恪称该书“虽曰宗教史，未尝不可作政治史读也”。陈垣本人也坦承:“此书作于抗日战争时，所言虽系明季滇黔佛教之盛……其实所欲表彰者，乃明末遗民之爱国精神、民族气节，不徒佛教史迹而已。”他还经常教育学生说，一个民族的消亡是从民族文化的消失开始的，我们在这个关键时刻要做的就是保住中华民族的文化传承。

作为学者、校长，陈垣以学校为阵地，以讲台为战场，与日伪进行不屈不挠的斗争，成为辅仁大学师生的代表。

不向日伪低头的教职工

随着战争形势的发展，很多大学或被侵占或被停办，有的人因生计问题屈从于现实，但辅仁大学的教职员工却怀着一腔爱国热情，坚持民族气节，不向日伪低头。

面对国土沦丧、日寇横行，沈兼士、英千里等一批爱国教授积极倡导成立炎武学社，通过研究明末清初爱国人士顾炎武的学说，向大家宣传人心不死、国家不亡的道理。1939年夏，炎武学社改名为华北文教协会，辅仁大学文学院院长沈兼士任主席，教育学院院长张怀任书记长，英千里任第一总干事，所有津贴由国民政府教育部秘密提供。此后协会活动更加活跃，经常派人到天津、济南、开封、太原等地讲学，与各地协会成员联络，并输送优秀学生到大后方去。

华北文教协会的抗日活动，引起了日本宪兵的注意。他们派特务伪装成学生潜入学校，对师生严加监视。沈兼士不得不化装离开北平前往西安。

英千里继续留在北平苦撑局面，就在命悬一线之际，一度与国民政府教育部失去的联系得以恢复。此次，教育部特派员带来了上级的指示、活动经费及分配款项名单。为安全起见，英千里将指示和名单藏于书斋《华裔学志》一书中，将钱缝在棉被里。不久，因叛徒告密，英千里在家中被捕。严刑拷问之下，日伪要他交代沈兼士的下落，英千里拒不回答。反复审问无果，日本宪兵只得将其释放。其间，日伪派了3名士兵监视英家。他的夫人知道《华裔学志》中藏有重要情报，情急之下，她在家中宴请3名士兵，趁机掩护儿子到书房将情报烧毁。

英千里出狱后回到辅仁大学继续执教，同时负责组织华北文教界的地下活动，这再次引起日伪警觉。1944年3月，英千里、张怀及文学院代理院长董洗凡等30余名师生同时被捕，此为轰动一时的“华北教授案”。在宪兵队4个多月里，日军对这些知识分子用尽酷刑，却一无所获。即便如此，日本军事法庭仍然判决其中27人有罪，英千里被判处死刑。抗战胜利前夕，这些教授经多方营救相继获释。

全民族抗战期间，辅仁大学师生有的去了大后方，有的辗转到了延安，成为抗日救亡的骨干力量，为中华民族的解放事业做出了积极的贡献。

（执笔：常颖）

中国大学旧址

中国大学旧址位于北京市西城区大木仓胡同35号，原为清朝郑亲王府，民国初年典押给西什库天主教堂，1925年租赁给中国大学做校舍。

中国大学1912年由孙中山创办，早期校址在前门内西城根愿学堂，1925年9月迁址到大木仓胡同。1931年，抗日战争爆发后，学校师生积极宣传进步革命思想，投身抗日斗争洪流。1937年，北平沦陷后坚持办校，培养了大批抗日救国人才。1949年新中国成立后，中国大学停办。1984年，旧址被公布为北京市文物保护单位。

中国大学旧址

抗战洪流中的中国大学

繁华的北京市西单附近，有一座宁静的院落，这就是西城区大木仓胡同35号，现为中华人民共和国教育部机关所在地。这里曾是中国大学的校址，抗日战争时期，从这里走出一批批热血青年，他们以青春之我，传播马列主义，投身抗日救亡，为建立青春之国家，实现民族独立与解放，开展了不屈不挠的斗争。

传播马列主义　宣传抗日主张

五四运动后，中国大学就有学子参加了北京共产主义小组。校址迁到大木仓胡同后，学校秘密建立了共产党支部，一大批开明教授及进步学子积极学习宣传革命思想，为后来的抗日救亡运动奠定了思想基础。

20世纪30年代，杨秀峰、黄松龄等一批共产党员和吴承仕等进步教授云集中国大学，传播马列主义，引导学生关心中国革命问题。杨秀峰以唯物辩证法讲授方法论；黄松龄、吴承仕理论联系实际，讲授中国土地问题和中国文学史；马哲民以苏联经济学为基础讲授《政治经济学》等。这些教授不仅在课堂上宣传马列主义，还在课下对学生进行帮助和指导。受他们的影响，同学们竞相传阅《共产党宣言》《政治经济学批判》《自然辩证法》《论列宁主义基础》等著作，阅读革命文学的同学则更为普遍。[①]

华北事变爆发后，为将传播马列主义与抗日救亡运动相结合，进步教授

---

① 任仲夷：《抗战爆发前中国大学党支部工作的回忆》，载中共北京市委党史研究室编：《中国大学革命历史资料》，中共党史出版社1994年版，第71页。

与同学们一起以笔为枪，创办了诸多刊物。1937年3月，吴承仕、黄松龄、杨秀峰等任编委，齐燕铭、张致祥主编的《文化动向》，揭露国民党“攘外必先安内”的反动政策，积极宣传中国共产党抗日救国主张。一个月后，《文化动向》被当局查封，齐燕铭、吴承仕、张致祥、孙席珍等又创办《文史》双月刊，刊发的文章更加犀利，出刊不久，齐燕铭遭宪兵传讯，《文史》被迫停刊。为继续宣传马列主义和抗日主张，张致祥主编出版《盍旦》半月刊，发表的文章触动了反动当局的痛处，办了一年也被迫停刊。这些刊物对青年学生影响很大。张庆熙、管大同、濮思澄等同学创办《热浪》《群众》《新大众》等不定期刊物，高举抗日救亡旗帜，对唤醒民众觉悟起到重要作用。

中国大学学生在进步教授影响下，还积极举办各种研讨会，探讨中国时政问题，成立歌咏队，组织革命歌曲咏唱活动，广泛传唱《救亡进行曲》《国际歌》等歌曲，进一步营造了抗日救国氛围。

勇立救亡潮头　凝聚进步力量

在中华民族危亡的关键时刻，中国大学师生并没有一味埋头书斋，而是把学到的理论与革命实践相结合，积极推动开展抗日救亡活动。

早在九一八事变爆发时，中国大学辽宁籍学生牛佩英、崔万达等人就在《世界日报》发表声明：“日军破坏国际公法，非礼向我挑衅，陷我沈阳，灭理欺人，于焉太甚，桑梓所在，千钧一发，稍具血性，岂能坐视危亡！”并于9月20日在校内中山厅召开抗日大会。会议提出：“通告全国一致抗日；联络平市各界，作反日救国运动；致电中央请求抗日；派代表向张（学良）副司令询问此次事变真相，以及应采取应付方针；组织义勇军；通电各国国民；选举救国会工作人员。”[①]

中国大学师生还通过赴南京请愿要求抗日、奔赴农村开展反日宣传和慰问十九路军将士等活动，积极开展抗日救亡运动。

1935年，日本帝国主义发动华北事变，扩大对中国的侵略，华北危在

① 《中国学院召开反日救国会成立大会》，《世界日报》，1931年9月21日。

旦夕。中共北平地下党因势利导，中国大学与东北大学等学校学生向当局请愿，爆发了轰轰烈烈的一二・九运动。学生的正义行动遭到军警血腥镇压，数十人被捕，数百人受伤。为揭露反动当局的暴行，北平学联决定由中国大学筹办血衣展览。中国大学学生董毓华、白乙化、吴丞华等人，组织同学分赴几十所大、中学校搜集血衣500余件。12月23日，展览在中国大学逸仙堂举办，血衣挂在礼堂内，上书“血淋淋铁的事实”7个大字，20余位受伤同学缠着纱布、拄着拐杖，蹒跚进入会场，登台控诉。与会人员热泪盈眶，“打倒汉奸卖国贼!”“打倒日本帝国主义!”“讨还血债!”的呐喊声不绝于耳。董毓华做了一二・九运动总结报告，号召同学们投入救亡图存的爱国运动。当天到会代表两千余人，引起社会各界关注，血衣展览保留一周，共接待参观群众达万余人次，推动了抗日救亡运动的发展。

1936年，何其巩任中国大学校长，他思想开明，不干涉学生进行各种爱国活动，并在很多方面予以支持，中国大学的学生运动有了很大发展。北平学联决定在中国大学设立一个固定的办事机构，便于同各校联系。北平学生联合会、华北各界救国会、东北抗日救国会、妇女救国联合会等，也纷纷搬到中国大学。

这时，中国大学在校的共产党员40余人，是北平大、中学校最大的党支部之一，民先队队员130余人，也是人数最多的一个队部。党员和民先队队员同群众有着十分密切的联系，经常在此活动的进步人士达六七百人。中国大学学生、曾任广东省委第一书记兼省军区第一政委的任仲夷深情地回忆说：“中国大学就像抗日战争中的解放区一样，成了北平学生运动的一个活动中心。”[①]

开展城内抗争　奔赴城外血战

北平沦陷后，北京大学、清华大学、北平师范大学等高等院校相继迁

① 中共北京市委党史研究室编:《中国大学革命历史资料》，中共党史出版社1994年版，第81页。

往内地。中国大学拟迁往山东泰安，后因战事变化滞留北平继续办学，开始了在日军铁蹄下的不屈斗争。

爱国师生不为敌用、不为敌贿，恪守“我们是中国人的中国大学”，坚持“为教育而教育”的办学方针，做到“董事会及学校一切机构无变动；不受奴化支配，拒绝日伪分子，优待忠贞人士；学生自由讲习，并运送抗日后方；学校证件，从未加盖过伪印；对参加抗日地下工作者，分别掩护”。

何其巩校长为增强学生民族意识，书写“读古今中外之书志其大者，以国家民族之任勉我学人”的楹联，挂在图书馆内正厅墙壁上，还亲自选定《中国大学国文教本》选文百篇，将民族英雄文天祥的《正气歌》等收录其中，要学生精读，以培养民族精神。

广大师生秘密开展抗日活动。北平民先领导成员赵元珠来到中国大学，重新建立了民族解放先锋队分队，大力开展募捐，支援城外抗日游击战争。他们经常靠几枚铜板的烤白薯充饥，还将所得捐款购买固体红药水、阿司匹林等药品及棉衣，经秘密交通线运往平西根据地。女同学们还在宿舍举办地下救护训练班，学习战地救护技术，以便随时奔赴抗日前线。

中国大学学子还向北平日伪机关和汉奸家中，投寄以十八集团军总司令朱德名义发布的《限令敌伪军警宪特投降命令》以及《致汉奸的警告信》，劝导敌伪军警宪特弃暗投明、立功赎罪。他们还以北平卫戍司令郭天民和北平市市长宋劭文名义发布《告北平市民书》等，动员沦陷区一切力量支援抗日游击战争，热烈欢迎北平爱国民众出城参加根据地建设。

此外，中国大学董毓华、白乙化、李兆麟、齐燕铭等百余名爱国师生，在中共中央北方局和中共河北省委号召下，奔赴抗日前线，开展游击战争。白乙化组织成立以学生为主体的抗日先锋队，后与冀东抗日联军整编为华北人民抗日联军，董毓华任司令员，白乙化任副司令员。抗日联军在董毓华、白乙化的指挥下，先后在雁翅、青白口、楼儿岭等地打击日、伪军。后改编为八路军晋察冀军区第10团后，粉碎了日伪军对丰（宁）滦（平）密（云）的大“扫荡”，并在反“扫荡”中率部开辟新区，使丰滦密抗日游击根据地由初创时的4个区发展到8个区。根据地军民纷纷感慨：知识分子也能挑大梁。

中国大学师生的行动获得沦陷区知识界爱国人士的高度赞赏，学者们争以教授中国大学学生为荣，学子们争以就读中国大学为幸。齐思和、俞平伯、张东荪等一批爱国教授，纷纷应聘前来任教，学生总数也由1938年的530余人，增加到1944年的4080余人。

中国大学虽早已被历史所尘封，但广大师生在抗日战争时期表现出的不屈不挠、奋勇抗争的民族气节和爱国主义精神，依然熠熠生辉、光可鉴人。

（执笔：方东杰）

黄浩地工组联络（网）点旧址

黄浩地工组联络（网）点旧址在北京有10余处。主要有位于西城区新街口一带的籤箩仓胡同老4号、6号，以及百花深处胡同西口的明华斋古玩铺。斗鸡坑、象鼻子前坑的黄浩住所，以及泡子河李庆丰家、阜成门达智庙舒翼青家、碾儿胡同吴又居家、锡拉胡同刘仁术家、板厂胡同张兰芳诊所和白塔寺中和医院等处，也曾是黄浩地工组设立的秘密联络点。地工组主要任务是为冀中抗日根据地采购医药物品、输送重要物资和收集情报。负责人黄浩，公开身份是新街口基督教长老会福音堂长老。

西城区籤箩仓胡同4号

胡同深处的隐蔽战线

抗日战争时期，中共中央北方分局为加强与敌后抗日根据地的联系，在北平建立了多处秘密情报联络站和交通站。黄浩地工组联络（网）点便是其中之一，他们为根据地采购医药物品，输送各种物资和收集情报，上演了一幕幕隐蔽战线斗争的传奇。

建立工作网点

漫步在繁华喧嚣的北京新街口大街，走近丁字路口东南侧的庆丰包子铺，人们总会对包子铺屋顶上那个小天使雕塑产生兴趣。原来，抗日战争时期，这里是基督教长老会的福音堂，长老名叫黄浩。他的真实身份是八路军冀中军区“平津特派人员主任”，中共黄浩地工组负责人。

“百花深处好，世人皆不晓。”沿丁字路口往南不远，路东的小胡同名字很浪漫，叫百花深处。1939 年初，胡同西口新开了一家名叫“明华斋”的古玩铺，掌柜叶少青是个年轻人。铺子开张后，生意不好也不坏，但是从掌柜到伙计，每天精神头十足，忙个不停。实际上，明华斋古玩铺是中共北平地下党的一个秘密联络点，叶少青是这个联络点的负责人，他的上级就是黄浩。

黄浩原名黄宠锡，早年在广州光华医学院读书，后来到北平行医。1927 年，先后租住在西城德胜门内簸箩仓4号、6号，与夫人王佩芝创办“宠锡家庭挑补绣花工厂”，成为京城有影响的工商业者。黄浩还有另外一层身份，是新街口基督教长老会福音堂长老，人称“黄长老”。七七事变前夕，黄浩目睹国家遭受侵略，民族危机日益加深，毅然同燕大、清华等学校的一批爱国青年奔赴延安。根据黄浩的社会条件，组织上安排他返回北平，从事统战联络和情报工作，并建立黄浩地工组。

黄浩回到北平后，立即开展统战联络，广交朋友，发展情报关系，建立地工组织，把上层联络与内线工作配合起来。他奔走于北平、天津、上海、广州、香港等地，以抗日救亡为纽带，发展了数十名爱国华侨、工商界人士为地工组人员。著名国画大师李苦禅、燕京大学英籍教师林迈可、北平法国医院院长贝熙叶、工商界人士刘仁术及夫人费璐璐等，为地工组做了大量工作。为便于开展工作，黄浩先后在北平建立了簸箩仓、明华斋古玩铺等10多处秘密联络点，构建起一张严密的单线情报网络。[1]

冀中军区交给黄浩地工组的任务，通常由平西交通情报站派交通员，以联络商务的名义，送到明华斋古玩铺交给叶少青，或以保定公理会教友名义，送到新街口基督教长老会福音堂交给黄浩。每次接到任务后，黄浩都将清单拆分，分头交给地工组成员落实。

为根据地筹集输送物资

敌后抗日军民与日本侵略者浴血奋战，每天都有许多伤病员等待医治。根据地缺医少药，筹集药品和医疗器械成为当务之急。

黄浩地工组使命在肩，责任重大。为筹措购买药品和医疗器械的资金，黄浩带领叶少青前往上海、广州、潮汕和香港等地，向广大爱国志士和海外侨胞讲述八路军抗战的英勇事迹，发动大家捐款。此外，黄浩夫妇还节衣缩食，把自己开办的宠锡家庭挑补绣花工厂的收入捐献出来。

黄浩地工组想尽一切办法，为根据地筹集医药物品。成员李庆丰的公开身份，是协和医院宗教交际部主任。协和医院由美国人创办，日本宪兵不能随便进入。他利用工作之便，采买药品及医疗器械，并以搞赈灾为名，利用医院的先进设备，组织爱国职工在医院礼堂秘密为八路军做消毒急救包、裁剪绷带等。李苦禅的老朋友罗耀西开了一家医院，李苦禅生病住在

① 张大中、安捷主编:《没有硝烟的战场》，京华出版社1997年版，第46页。

这里，病好了也不出院，目的就是借此机会多开药品，积攒后再转给黄浩。

抗日战争进入相持阶段，日军进一步加强对根据地的封锁，并对药品、医疗器械实行严格“管制”，市场上批量采购越发困难。黄浩与地工组成员研究后决定调整战术，收买汉奸，通过这些人来筹集。刘仁术的公开身份是平津硝皮厂的老板，他发现日军驻北平指挥部的两个翻译，与日本人合伙在王府井大街开设“陆军御用达”药店，专为日军采办医药物品。黄浩和刘仁术商定，以和他们做生意为名，多给他们一些“油水”，解决了批量采购医药物品难的问题。

除重点采购医药物品外，黄浩地工组还向根据地输送许多其他急需的短缺物资，如摄影机、小型纺纱机和机器润滑油等。他们曾经通过林迈可搞到一批器械，组装了5部发报机运送到根据地。

开辟突破日伪封锁的通道

为了把秘密购买的药品和医疗器械输送到根据地，黄浩地工组开辟了多条安全通道。地工组成员大多是工商界人士，其住所遍布北平、天津、上海等地，以做大宗生意为掩护，不少人本身就是经营药品和其他物资的老板，因此日、伪军很难察觉。

明华斋古玩铺入货、出货是正常现象，不会引起日、伪军的注意。黄浩地工组成员就把购入的药品和医疗器械陆续汇集到铺子里，以各种“古董”为遮掩，将药品、医疗器械混入其中，通过妙峰山线、潭柘寺线、良乡线和涿州线等几条秘密交通线运入根据地，其中妙峰山线的一个交通点就设在贝家花园附近。

贝家花园是一座西式的小别墅，它的主人贝熙叶是北平法国医院院长兼领事馆医生，享有外交特权。他居住在东城大甜水井胡同，并在西山脚下的山坡上建了这座小别墅。由于教会的关系，贝熙叶与黄浩成为很要好的朋友，他同情并支持中国的抗日斗争，将贝家花园变成一处秘密联络点。贝熙叶经常帮助黄浩地工组，利用私家汽车把药品和医疗器械设法带出城，先存放在贝家花园，再由情报联络站的同志取走，通过层层转运，最终将医药物资安全送往冀中抗日根据地。贝熙叶的加入，使北平至敌后抗日根据地的药品生命线更加畅通。

天津等地也是地工组向抗日根据地运送医药物品的重要通道。一次，有批药品需要通过天津，转送到根据地，费璐璐跟随前往。她刚到天津，就连人带药被日本宪兵扣押。危急关头，她沉着冷静，按照事先的安排，说出了一个名叫李惠南的朋友。此人曾留学日本，当时在天津以开工厂为掩护，从事地下工作，和日本人多有交往。李惠南急忙赶来，用日语和宪兵进行沟通，说费璐璐是受他之托，帮他做点小生意，还请“皇军”予以通融关照。日本宪兵信以为真，释放了费璐璐并归还了药品。

在黄浩的领导下，经过多方人士的共同努力，这些急需药品和医疗器械终于摆在八路军战地医院的药架上。当伟大的国际主义战士白求恩大夫得知，这是地下工作者冒着生命危险，克服艰难险阻从北平等地运来的时，不由得竖起大拇指，连声称赞：“真了不起！真了不起！”

1943年8月，中共北平地下党的一部电台被日本宪兵队破获，黄浩因而暴露。经地工组同志们掩护，他顺利出城，取道贝家花园奔赴抗日根据地。他的住所——地工组联络点簸箩仓胡同6号被伪警察监控，王佩芝沉着冷静地与他们周旋，利用各种机会巧妙联系地工组人员，继续斗争。之后，在李庆丰等人精心安排下，王佩芝及家人逃离北平，前往上海。

“事了拂衣去，深藏功与名。”没有出现在硝烟滚滚的抗日前线的隐蔽战线的勇士们，同样是可钦可敬的抗战英雄。

（执笔：韩旭）

燕京大学旧址

燕京大学旧址位于海淀区颐和园路5号，现北京大学校园内。1919年秋，该校由美国基督教公理会资助，在北京城内盔甲厂成立，司徒雷登任校长。1920年，校方购得前清睿亲王府，兴建燕京大学校园（即燕园），至1926年基本落成。燕园采用中国传统的宫殿亭园风格与布局，当时被誉为“全世界最美丽的校园”。

九一八事变后，燕京大学师生积极投身抗日救亡运动，为推动全民族抗战发挥了重要作用。北平沦陷后，学校继续坚守办学。太平洋战争爆发后，燕京大学被日军查封，在成都办起临时学校。抗战胜利后，学校迁回北平复校。1952年，燕京大学撤销，各院系分别并入北大、清华等高校。1990年，燕京大学旧址被列为北京市重点文物保护单位。

燕京大学未名湖畔的抗日联络点

未名湖畔的抗日风云

20世纪30年代初，燕京大学名师云集，未名湖畔学子荟萃，在国内外享有极高盛誉。九一八事变后，东北沦陷。在民族危亡的紧急关头，燕大师生以天下兴亡为己任，践行“因真理，得自由，以服务”的校训，踊跃投身抗日救亡的伟大斗争，谱写出可歌可泣的壮丽诗篇。

抗日救亡的爱国先锋

1931年九一八事变爆发后的第二天，燕京大学学生抗日会旋即成立。全校学生发出誓言：“即便是中国人死得只剩我一个了，我也要负起救中国的责任来。”[①] 9月底，校长吴雷川，率全校师生赴太和殿，参加北平抗日救国市民大会。10月，燕京大学中国教职员抗日会成立，联名宣誓不购日货，并决定编写抗日丛刊。11月底，燕京大学190余名学生不顾校方的劝阻，南下请愿。全校师生大会通过军事训练案，决定全体学生每日早晨军训一小时。

为支援东北抗日义勇军，燕大师生开展了万顶钢盔募集活动。教职员工节衣缩食，捐献薪资。燕大女生和教职员家属，还一针一线缝制2000多件棉衣，捐赠前线。1932年上海一·二八抗战爆发后，校学生会决定“向全体同学每人征收一元，慰劳十九路军”。1933年长城抗战中，他们组织救护队，开展战地救援，从战场到医院，到处都能看到燕大学子的身影。

目睹国土沦丧、同胞流亡，燕大中国籍教师再也难以醉心于学术。张

① 《燕京大学全体学生对日本侵占东北宣言》，载中共北京市委党史研究室编：《北京地区抗日运动史料汇编》（第一辑），中国文史出版社1990年版，第75页。

东荪、张君劢创建“再生社”，反对国民党独裁统治，呼吁停止内战、团结抗日。郑振铎挥笔写下犀利的作品，抨击国民党政府的对日妥协政策。顾颉刚将学术研究与民族命运联系起来，并发起成立“三户书社”和“禹贡学会”，出版通俗读物，发表系列论文，批驳日本所谓“满洲并非中国领土”的谬论，“唤起民族意识，鼓励抵抗精神”。

1935年下半年，日本制造华北事变，“华北之大，已经安放不得一张平静的书桌了”。11月初，燕大学生自治会联络平津10校，向全国发出《为抗日救国争取自由宣言》通电，吹响了联合开展救亡运动的号角。

12月9日清晨，燕大学生冒着严寒，从海淀校园出发，一路高呼“打倒日本帝国主义”“打倒汉奸卖国贼”“武装保卫华北”等口号，向北平城内行进。到西直门时，见城门紧闭，游行队伍全被隔在城外。有个同学挥泪演讲，向守门军警喊：“中国人不打中国人！”“给我们爱国自由！”但是，相持到傍晚，游行队伍也没能冲进城去。爱国学生只好就地召开大会，向群众和军警开展抗日宣传，晚上含泪愤然回校。从这一天起，燕京大学校园沸腾了！抗日演讲会、救国座谈会开得热火朝天，各种爱国组织纷纷成立。12月12日，燕大学生自治会的龚澎，用英文主持新闻发布会，进一步向外国记者介绍一二·九运动，打破了国民党当局的新闻封锁，扩大了国际影响。

12月16日，燕京大学举行了规模更大的爱国游行。中共地下党员、燕大机器房工人肖田开着汽车去给游行学生送饭。见同学们还是被阻挡在西直门城下，肖田开车沿城根朝南驶去。他见阜成门紧闭，又到西便门，城门和过火车的门洞里的铁门都开着，直接把汽车开到门洞里，咔嚓一声，下了死闸，飞身跳下汽车。守门军警拥上来，大骂不已，让他挪车。肖田说：“对不起老总，车坏了，我这就去找工具来修，保证不误你们的事！”说罢，转身就跑，没到阜成门，就迎到燕大和清华的游行队伍。肖田大喊：“同学们，快！到西便门，我用汽车卡了门！快！”

游行队伍到了西便门，守门军警正手忙脚乱地挪车关城门，爱国学生一拥而上，跟他们混战起来，前面的倒下去，后面的呼喊着口号又冲上来。平日斯斯文文的大学生，这时都变成了天不怕地不怕的猛士！当时，过火车的门洞里的大铁门已被关上，学生急红了眼，奋不顾身地冲上去，把铁门冲开了！大队人马进城以后，游行队伍像滚雪球一样，越滚越大，浩浩荡荡。最后，终于在天桥大会师！

一二·一六游行示威后，国民党当局勒令各校提前放假，学生一律离校。中共北平市委书记林枫，召集北平学联领导人开会，决定组织平津学生南下扩大宣传团，到农村宣传抗日。12月下旬，北平学联在燕京大学体育馆开会，组建南下扩大宣传团，燕大、清华、辅仁学生参加第三团。1936年1月中旬，第三团在高碑店遭国民党军警拦截，被押回北平。16日，他们在燕大开会，宣布成立中国青年救亡先锋团，为随后中华民族解放先锋队的诞生奠定了基础。

沦陷时期的坚守与抗争

1937年七七事变爆发后，北平很快沦陷。虽然燕大有美国教会背景，但仍不时遭到日军的骚扰和恐吓，广大师生纷纷离校，至9月，注册学生仅剩499人。校方致信西南联大，商讨将燕大迁到成都的可能性。国民政府希望燕大坚守北平，为华北广大爱国青年免受奴化教育，提供一片自由求学的净土。红学家周汝昌回忆，1939年他报考燕大的原因："爱国对我们那一代的青年来说，不是一个空洞的口号，对于一个爱国的青年来说，是宁死也不进敌伪学校的。"同年秋季，燕大在校生达到978人。

此时的燕京大学看起来风平浪静，实则危机四伏。对留在燕园里的中国教师来说，尊严随时都会遭到践踏。1939年留美归来的蔡一谔教授，在前门车站遭到日本特务的盯梢与毒打。物理系助教冯树功回校途中，被日本军车轧死。校方当即向日军提出抗议，并在贝公楼礼堂举行隆重的追悼会。代理校长陆志韦，面对日本军官，进行血泪控诉，"人群中充满的饮泣声，突然爆发成一片大声的哭泣"！

燕大地下党组织利用教会学校的特殊地位，组织师生开展抗日斗争。1940年春，肖田与英籍教师林迈可、班威廉合作，组装10多台发报机。因其"上线"突然被捕，肖田将发报器材藏进地下室和燕大3号污水井。后通过地下交通员，先后将发报机、电池和药品等紧缺物资秘密送到根据地。

次年春，肖田被捕。日军宪兵队队长上村喜赖，亲自刑讯，整整折磨了他8天。因缺乏证据，日本人不得不将他释放。

为凝聚沦陷区的进步青年，燕大地下党组织发起“三一”读书会[①]，借文艺讨论、学术报告和时事座谈之名，宣传进步思想。地下党领导的燕京剧社，演出《雷雨》《日出》等话剧，吸引和团结了不少进步青年。党组织还源源不断地将爱国师生输送到抗日根据地。1940年6月，担任学生生活辅导委员会副主席的侯仁之，与燕大地下党员陈絜“单线联系”，紧密配合，先后安排十余名学生前往平西根据地。

1941年12月8日清晨，太平洋战争爆发，一队日本骑兵包围燕园，宣布接管燕大。次日，日本宪兵逮捕司徒雷登，将他囚禁了3年8个月。日本人想把燕大办成奴化的傀儡学校，遭到以老校长吴雷川为代表的燕大人的断然拒绝。恼羞成怒的日军，将燕园封闭，改为兵营。

燕大被封闭后，中文系主任董鲁安表面上深居简出，潜心研究佛学，实则伺机奔赴抗日根据地。1942年8月，他在燕大肄业学生、地下党员张大中的护送下，最终抵达晋察冀根据地。在这里，他发表长篇报告文学《人鬼杂居的北平市》，以耳闻目睹的大量事实，揭露日伪在北平犯下的滔天罪行，热情讴歌北平人民的抗日爱国活动。

滞留在北平的中国籍燕大教师，始终保持高风亮节，誓死不事日寇。陆志韦、周学章、张东荪、赵紫宸、洪业、邓之诚、赵承信、蔡一谔、林嘉通、侯仁之等10位教授，被日寇拘囚，直至抗战胜利后才被释放。

燕大被封、教授被囚的消息，传到西南大后方，燕大校友群情激愤，一致决议立即复校。1942年10月1日，成都燕大正式开学。

胸怀正义的外籍教授

在中国抗击外侮、谋求民族独立的伟大斗争中，有正义感的燕大外籍

① 全民族抗战爆发后，由燕大学生、地下党员俞林、纪波、傅秀等人发起。读书会的宗旨是：既学社会科学，又学文学艺术和自然科学。以讨论学术，掩盖其政治内容，取名“三一”读书会，表示是“三合一”的。

教师也以各种方式参与其中，患难见真情。

新闻系美籍教师斯诺，1934年初以美国《纽约日报》驻华记者的身份，受聘燕大。北平学生运动领导人、中共地下党员姚依林、黄华、黄敬都是他家的常客。一二·九运动当天，他组织外国记者，对学生运动进行报道，在国际社会引起强烈的反响。1937年2月5日，他在燕大新闻学会放映了采访陕北的影片，北平学生第一次看到毛泽东等红军领导人的影象。后来，他又在燕大历史学会做了访陕见闻的报告。受此影响，燕大学生组织西北旅行团，实地访问陕北，黄华[①]等人毅然投笔从戎，留在陕甘宁边区。斯诺所著《红星照耀中国》的英文版本，最先在燕大流传。北平沦陷期间，斯诺在住所掩护抗日青年，帮助他们逃离北平。

经济系英籍教师林迈可，1937年与白求恩同船来华。1939年夏，在肖田的带领下，林迈可、赖朴吾受邀到冀中、晋察冀根据地和八路军总部实地考察。林迈可利用外籍身份，购买紧缺的药品等物资，设法运送给八路军游击队，开辟了一条后来被誉为"林迈可小道"的秘密运输线。太平洋战争爆发后，他携妻和好友班威廉夫妇逃离燕大，到达平西根据地。林迈可、班威廉帮助八路军，维修改造收发报机系统，使平西电台收发报能力大大提高。1942年春节后，林迈可被聘请为晋察冀军区通信技术顾问。1944年5月，林迈可夫妇到达延安。

心理系美籍教师夏仁德，授课时大胆地将《共产党宣言》列为必读书目。他在燕南园的家，被誉为中共秘密组织的"会议室"、收藏共产党重要文件的"保险柜"、进步学生躲避军警搜捕的"藏身所"。中国全民族抗战爆发，夏仁德担任燕大学生生活辅导委员会主席，救济困难学生，安排他们撤离。太平洋战争爆发后，他被日本宪兵逮捕，押送至山东潍县日军集中营。1943年9月美日交换战俘时，他才获释。

1945年10月10日，燕大举行了复校后的第一次开学典礼。解放战争时期，燕大师生又投入反美抗暴运动，反饥饿、反内战、反迫害运动，为推

---

① 黄华（1913—2010），原名王汝梅，河北磁县人。1932年秋考入燕京大学。1936年1月加入中国共产党。同年6月，经中共北平市委同意，他担任斯诺的翻译，陪同斯诺秘密赴陕北苏区采访。新中国成立后，曾任国务院副总理、外交部部长等职务。

动第二条战线形成、迎接北平解放做出了不可磨灭的贡献。1952年，全国高校院系调整中燕大撤销，各院系并入其他高校。从此，燕京大学成为历史，但它在中国抗日战争中所发挥的特殊作用，以及在中西文化交流史上留下的影响恒久绵长。

（执笔：宋传信）

“林迈可小道”遗址

“林迈可小道”遗址在北京市海淀区管家岭、车耳营、凤凰岭一线，全程8公里，主要包括大觉寺、贝家花园、沐容亭、沐春亭、金山寺、中法友谊亭、圣－琼·佩斯纪念亭及故居、七王坟等。抗日战争时期，它是北平城与晋察冀抗日根据地之间众多秘密交通线中的一段。利用这条小道和妙峰山交通站，林迈可、贝熙叶等国际友人向根据地运送物资，游击队队员护送来往人员、传递情报，打破了日伪对晋察冀根据地的封锁。

林迈可小道

用外国友人名字命名的暗战通道

山间小道，千年古刹，幽静别墅，连接着一条蜿蜒曲折的秘密交通线，成为抗战时期的一条暗战通道，这就是用外国友人名字命名的“林迈可小道”。林迈可是燕京大学英籍教师，习近平总书记曾两次赞扬他：“积极报道和宣传中国抗战壮举”“帮助中国改进无线电通讯设备，为中国军队运送药品、通讯器材等奇缺物资。”[①]林迈可走过的这条小道，见证了那段艰苦卓绝的抗战岁月，留下了耐人寻味的传奇故事。

根据地的补给线

北平沦陷后，为突破日伪当局对军需物资的严格管控，中共冀热察区委设立了4条秘密交通线，其中一条是北平经妙峰山到田家山，成为林迈可、贝熙叶等外国友人，向抗日根据地运送医药和通信器材的物资补给线。

1937年12月，林迈可不远万里来到北平，任教于燕京大学。出于好奇，他三次深入敌后参观根据地，目睹许多战士因缺医少药而不幸牺牲，他被八路军和中国人民的艰苦抗战精神感动。回到北平后，他多次私下购药，利用外国人不被搜身的有利条件送出城。不久，根据地急需收发报机，他又千方百计弄到一批电信器材零件，组装多台收发报机。

把这些物资送到根据地，就必须打通燕京大学与平郊妙峰山秘密交通站之间的联系。燕京大学地处北平西北近郊，是在美国注册的教会大学，

---

① 2015年9月3日《习近平在纪念中国人民抗日战争暨反法西斯战争胜利70周年大会上的讲话》，2015年10月20日习近平在美国议会的演讲。

具备建立秘密交通站点的条件。未名湖西岸的钟亭，已有不少师生和各种身份的人在这里秘密传递文件、情报和物资器材。而妙峰山是连接北平与平西根据地的重要中转站，冀热察区党委开辟这条秘密通道时，派的就是燕大学生、地下党员肖芳。肖芳白天隐蔽在积极分子家里，夜幕降临后出来，活跃在前后沙涧、七王坟、苏家坨、永丰屯和六里屯一带。[①]

肖芳的胞兄肖田是燕大机器房工人，也是中共党员。兄弟俩商量，在燕大设立秘密交通点。肖田便化装成商人，在妙峰山找到了平西游击队队长张清华。通过游击队的帮助，肖氏兄弟在燕京大学的1号脏水井内建立了秘密交通点，新辟了一条连接妙峰山向根据地输送物资的线路。

由于活动频繁，肖芳被日军察觉，不得不撤回平西，妙峰山交通站被迫中断。1940年秋，肖芳又被派回北平。在敌人眼皮底下，他很快重建了秘密交通线，继续转运大批紧缺物资，其中就有林迈可提供的大量药品和无线电器材。这些物资，有些通过肖田从燕大交通点送到妙峰山，更多的是林迈可冒险送到郊区交给肖芳，再由妙峰山交通站转送到各根据地。

林迈可运送物资的所经之路，也是法国医生贝熙叶向根据地运送医药用品的一条重要通道，与他联系的是冀中军区平津特派人员主任黄浩。按照白求恩大夫开具的药单，黄浩地下工作组在北平城内采购药品，再由贝熙叶开车送到北安河的贝家花园，交给妙峰山秘密交通员，接力棒式地转运出去。从北平、妙峰山、平西、晋察冀直至延安的补给线，就这样搭建起来。当白求恩拿到这些稀缺药品时，不禁赞叹：“真了不起！”

保护抗战人士的生命线

1941年12月8日早晨，林迈可通过收音机得知美、日两国正式宣战，预感时局有变，抢在日军进校抓捕他们之前，立即带着妻子李效黎、燕大物理系主任班威廉及其夫人，开着校长司徒雷登的汽车，踏上了去往根据地的惊险旅途。

---

① 张大中:《我经历的北平地下党》，中共党史出版社2009年版，第41页。

他们的汽车首先经过青龙桥，绕过温泉的日本岗哨到达黑龙潭，再弃车步行，走进西山。林迈可知道贝熙叶曾帮助过游击队，便来到北安河山上的贝家花园寻求帮助。不巧的是，贝熙叶这天不在家，林迈可一行又来到管家岭另一位法国人的别墅。通过这里的管家，辗转找到了姓赵的村长。赵村长安排他们连夜出发，翻山越岭到了龙泉寺。伴着如豆油灯，林迈可度过了逃出北平的第一夜。

第二天傍晚，焦虑担忧了一整天的林迈可，终于等来了交通员送来的一封信，信里表达了对国际友人的欢迎之情，并写明这天午夜时分会安排一支队伍来护送。领队的人正是肖芳，林迈可非常欣喜，心里的担忧都烟消云散了。

这天深夜，月光皎洁，林迈可和肖芳等人避开山顶庙宇的日本驻军，绕着妙峰山连夜赶路，回头还能依稀看到北平城内的闪烁灯火。他们昼伏夜行，一路向西，12月31日终于到达位于平西的冀热察挺进军司令部驻地，受到司令员萧克的热烈欢迎。此后，林迈可到平西通讯部电台组工作。1942年5月，他到晋察冀军区担任通讯部技术顾问，不仅冒险到前线为部队改装升级上百部电台，还为军区培养了一批无线电骨干人才。两年后，林迈可到达延安，成为八路军通讯部顾问，设计建造大功率发报机和高灵敏度定向天线，使新华社英文广播于当年9月1日顺利开播，让世界第一次听到了延安的声音。

林迈可逃出北平不久，妙峰山交通站又护送一位国际友人穿过层层封锁线，顺利到达平西，他便是奥地利共产党员、犹太人傅莱大夫[①]。纳粹德国吞并奥地利后，为了逃脱盖世太保的追杀，傅莱辗转来到上海。他曾到天津寻找中国共产党，1939年底在北平与黄浩建立了联系，开始投入抗日斗争，为根据地购买医药物资。为了躲避日军的严密检查，考虑到德国和日本同属法西斯同盟，日军不会仔细检查德国货物，傅莱便利用自己奥地利人的身份，获得德国商人信任，将药物顺利地从天津运到北平，再由妙

① 原名理查德·施泰因，曾就读于维也纳医科大学，在晋察冀边区时，聂荣臻根据德语“自由”一词谐音，为他取了中文名字“傅莱”。

峰山交通站送往根据地。

太平洋战争爆发后，为保护国际友人安全撤退，在北平地下党的安排下，傅莱经妙峰山秘密交通线掩护，于1942年1月安全抵达平西，见到了早他几天从北平逃出的林迈可。傅莱先后在晋察冀边区的白求恩卫生学校、延安的中国医科大学开展教学和医疗工作，不仅培养了大量医护人员，救治了无数伤病员，还中西结合医治疟疾，成功试制粗制青霉素，为根据地医学发展做出突出贡献。

往来根据地的交通线

北平西郊的妙峰山、云台山、凤凰岭一带层峦叠嶂，活跃着多条秘密交通线。许多平津热血青年从这里走向光明，家喻户晓的表演艺术家于蓝便是其中一位。

1938年8月下旬的一天，为了离开令人窒息的沦陷区，经进步同学介绍联系，未满17岁的于蓝独自从西直门出城，到达温泉镇，与中共宛平县委书记黄秋萍接上了头。两人以表兄妹相称，一路疾行，先后躲过汉奸的盘问、土匪的骚扰，历经曲折，到达妙峰山联络点。他们在这里短暂休息后，先是骑毛驴下山，后又骑马，终于到达平西根据地斋堂。后来，于蓝从这里奔赴延安，走上了革命道路。

为了加强华北沦陷区的情报工作，1939年8月，中央社会部副部长许建国派人来平西建立秘密交通线，并于翌年5月建立妙峰山电台。日军为了阻断沦陷城市与根据地的联系，大力推行“治安强化运动”。针对这一形势，晋察冀分局城市工作委员会决定以平汉铁路为主，在曲阳、满城、定兴、白洋淀建立新的秘密交通线。钟子云奉命到平西建立了情报站，为中社部代管北平、天津、保定、唐山、山海关等地的情报组织，主要领导满城交通站、妙峰山交通站，下辖平西妙峰山交通线、平西三家店交通线、保（定）满（城）交通线、房（山）涞（水）涿（州）交通线等。

钟子云曾两次深入虎穴，到北平城内了解和部署情报工作。1941年4月，他从河北涞水计鹿村出发，经妙峰山、七王坟、北安河抵达海淀，秘密进入燕京大学，再由林迈可用摩托车送进城。钟子云秘密会见了黄浩、王定南等地下党员。1942年4月底，钟子云通过房（山）涞（水）交通线再入北平，约见了此前派来的李才、王文、王凤岐等人。考虑到风险太大，钟子云担心夜长梦多，决定将他们从北平撤回根据地。

尽管日伪严密控制，设在妙峰山灵光殿的交通站，仍然得到不断发展，交通线从一条拓展到三条，成为北平抗战的秘密交通枢纽，为根据地输送了大量急需物资，保护了来往人员安全，传递了许多重要情报。

"林迈可小道"，不仅是以肖氏兄弟、黄浩地下工作组、钟子云平西情报站为代表的中共秘密交通工作的缩影，也是林迈可、贝熙叶、傅莱等为中国抗战事业做出贡献的见证，是这些外国友人国际主义和人道主义精神的象征。

（执笔：苏峰）

平西地下情报联络站联络区遗址

平西地下情报联络站联络区遗址位于北京市海淀区温泉镇北安河村西阳台山东麓。20世纪20年代，这里有一处中西合璧的私家花园，由法国医生贝熙叶出资建造，占地约1平方公里，南、北、西三面环山，东向开阔，由东向西层层叠起，三组“品”字形建筑群依山而建，分别为碉楼、北大房和南大房。园门处的碉楼，为一座三层西式城堡，坐西朝东，呈四方形，门楣有石匾一方，上书“济世之医”，为人们感谢贝熙叶救死扶伤所送。北大房是一座两层五楹卷棚歇山顶楼阁，楼前有水池、藤架、喷泉等。南大房为歇山顶五楹厅堂，以及附属房屋数间。抗日战争期间，这里曾是中国共产党平西地下情报联络站的一个重要联络点，现为北京市市级文物保护单位。

贝家花园

私家花园与党的地下情报站

北京海淀西山深处，掩映着一处中西合璧的花园式建筑群，这是抗战时期法国医生贝熙叶在北平西郊的住所，被称为贝家花园。当年，这里曾经是中国共产党平西地下情报站的一个重要联络点。在这座宁静的花园，曾发生过许多曲折、惊险的故事。

“济世之医”便民诊所

贝熙叶出生于法国克勒兹省新浴堡市，法文名为让·热罗姆·奥古斯坦·贝西尔，贝熙叶是他自己取的中文名。1895年，贝熙叶获法国波尔多海军医学院博士学位，后以军医身份，先后被派往塞内加尔、印度、伊朗和越南等国，帮助抗击天花、鼠疫、霍乱等疫情。

1913年，贝熙叶携妻子和两个女儿来华，任教于天津高等商业学院，次年赴北京出任法国公使馆医生。医术高明的贝熙叶，身兼中、法两国多个公职，曾被北洋政府聘请为总统府医师，为袁世凯、黎元洪、徐世昌、曹锟等民国总统看病，并获得三等文虎勋章，还兼任北京法国医院院长、北京大学校医、协和医院大夫等。

1915年，贝熙叶购置王府井大街西侧大甜水井胡同的一处四合院，作为一家人的住处。1923年，贝熙叶的妻子不幸去世，女儿又患上严重的肺病。为给女儿提供一个空气清新、宁静安闲的康复环境，他在北京西山温泉阳台山东麓，租地修建了一座私家别墅。后来这里成为平民百姓的便民诊所，被当地人亲切地称为“贝家花园”。

医者仁心的贝熙叶，经常为附近百姓和温泉中学的师生免费看病。为了大家看病方便，他干脆把贝家花园大门的碉楼改建成诊所。平时，不需要动用医疗设备，单靠药物治疗的感冒等常见疾病，以及生疮等一般外科疾病，都在这里诊治；需要进行大的外科手术时，他就把病人送到城里的法国医院或协和医院，并自掏腰包，为家庭贫困的病人支付医疗费用，甚至把当时非常昂贵的盘尼西林（即青霉素）拿出来给村民用。为帮助父亲行医，贝熙叶的女儿也学会了护理，协助他照顾患者。经贝熙叶救治的病人不计其数，乡亲们为表达感激之情，给他送来一块石匾，挂在碉楼铁门的门楣上，上书“济世之医”四个大字。

夏季多雨，西山的小路经常被冲坏，贝熙叶的汽车多次被阻于山下。后来，为方便贝熙叶出行，温泉中学师生集资，专门修建了一座小石桥，并在桥上刻下“贝大夫桥”，与贝家花园融为一体。贝熙叶十分感动，特与小桥合影留念，记录这段珍贵的情谊。

卢沟桥事变爆发后，贝熙叶亲临宛平城，救治受伤军民；南口战役打响后，他又将受伤军民接到贝家花园医治；南京大屠杀发生后，他对慕名到贝家花园求医的中国伤兵，来者不拒，全力救治。

用自行车开辟“驼峰航线”

1937年7月29日，日军占领北平。贝熙叶主动投入中国人民抗日的洪流中。他与中共地下组织建立了密切联系，以贝家花园为站点，进行着无声的战斗。在一张贝熙叶珍藏的照片上，留下了他与八路军战士在一起的合影，照片背面他用法文注释：1939，八路，在北安河。

1939年2月下旬的一天，八路军冀中军区“平津特派人员主任”、贝熙叶的老朋友黄浩登门拜访，询问他能不能帮忙往“山那边”运点医药品。贝熙叶心知肚明，从贝家花园翻过妙峰山，就是抗日根据地。而黄浩要运送的药品器材，正是白求恩大夫在前线开具的单子上所列的。这件事虽然风险很大，但贝熙叶毫不犹豫地答应了。

取到药品器材后，贝熙叶驾驶挂着使馆牌照的雪铁龙轿车，一路疾驰，驶向贝家花园。沿途关卡的日本人和伪警察，都知道这是东交民巷法国医院老院长贝熙叶的车，二话不说，挥手放行。抵达贝家花园后，贝熙叶立即将药品器材交给管家、实为中共地下工作者王月川。在王月川的联络和协助下，中共地下交通员带着沉甸甸的药品器材，翻山越岭，将其送到根据地。

3天后，这些贵重药品和医疗器械终于到达战地医院的白求恩大夫手中。就这样，两位国籍不同、信仰各异的外国医生，在不曾谋面的情况下，“联手”为中国的抗战事业做出了卓越贡献。

太平洋战争爆发后，由于日军疯狂掠夺，汽油等物资供应日趋紧张，贝熙叶的汽车也不能开了，他便骑自行车运送药品器材。从城里到贝家花园的路程近百里，70岁高龄的贝熙叶骑车需要数小时，沿途还要经过多个日军关卡，困难和危险可想而知。但为了保障根据地的需要，他已顾不得个人安危。在烈日炎炎的盛夏，在寒风刺骨的严冬，在夜色朦胧的星空下，在泥泞曲折的山路上，人们经常看到一个白胡子外国老人，载着大包小包，风尘仆仆地艰难骑行。

在长达几年的时间里，贝熙叶为抗日根据地运送药品的秘密活动从未中断。一批批药品经贝家花园，转交给中共地下交通员，最终送到晋察冀抗日根据地的战地医院。习近平总书记在中法建交50周年纪念大会上，称赞贝熙叶用自行车开辟了一条北平城西的“驼峰航线”。

护送抗战人士去根据地

享誉京城的贝熙叶医生，救死扶伤之余也热衷社会活动。他为人豪爽，每逢周三，就会在距使馆区不远的大甜水井胡同家中举办沙龙，款待中外友人。贝家花园建成后，沙龙活动逐渐移至这里举行。

抗战期间，贝熙叶一直依托贝家花园，利用特殊身份，以举办沙龙为掩护，将这里变成了抗战人士转往平西、晋察冀抗日根据地乃至延安的安全跳板。

早在1920年，贝熙叶与李石曾、蔡元培、铎尔孟等人，共同发起成立了中法大学，为赴法勤工俭学的中国学生提供行前培训。日军占领北平后，中法大学的进步师生因支持中国抗战，被日本人和伪政权视为眼中钉、肉中刺，欲除之而后快，学校被迫停办。贝熙叶支持中法大学的进步师生，在校长李麟玉的带领下，经贝家花园转向根据地或抗日前线。

太平洋战争爆发的第二天，日本宪兵闯进美国教会资助的燕京大学，抓捕英籍教师林迈可等进步师生。林迈可在收音机里听到日军偷袭珍珠港的消息，判断事态严重，美日关系将变，提前开上校长司徒雷登的汽车，带着妻子和友人，驶往贝家花园。在游击队队员的护送下，林迈可一行脱离险境，安全抵达平西，经晋察冀抗日根据地到达延安。

1943年8月，黄浩因中共北平地下党的电台被日军破获而暴露。贝熙叶得知老朋友有难，想方设法将黄浩接到贝家花园，使他成功逃脱日本宪兵的追捕，最终安全抵达延安。

中西合璧的贝家花园，连着自行车轮下的“驼峰航线”，记录了贝熙叶无私支援中国人民抗战的峥嵘岁月，成为中、法两国人民友谊的美好象征，更是世界各国人民共同进行反法西斯战争的历史见证。

（执笔：范晓宇）

南苑兵营司令部旧址

南苑兵营司令部旧址位于北京市丰台区南苑机场内。原是清末神机营七营旧址，也称七营房。1913年，北洋政府在此设航空署，并创建南苑航空学校，即中国第一所航空学校。1922年，冯玉祥调任陆军检阅使，将此处改建为陆军检阅使署。1924年，冯玉祥在此发动北京政变。

七七事变时，这里为中国军队第29军军部驻地。7月28日，日军大举进攻南苑，29军奋起抵抗，重创日军。南苑保卫战最终失利，佟麟阁、赵登禹两位将领和2000多名官兵壮烈殉国。1991年，此地被公布为北京市文物保护单位。

南苑兵营司令部旧址

惨烈的南苑保卫战

南苑位于北平永定门正南10公里处，是北平城南的重要战略支点。七七事变后，日军从北、东、南三个方面包围北平，南苑成为中日双方必争之地。1937年7月28日，日军向南苑发起猛攻。面对蓄谋已久、装备精良、穷凶极恶的日寇，中国守军殊死抵抗，用热血谱写了壮烈的爱国主义诗篇。

仓促备战

震惊中外的卢沟桥事变爆发后，日本声明“坚持事变不扩大方针”，以和谈掩饰增兵图谋，欲全面扩大侵华战争。7月11日，日本内阁会议决定大规模增兵华北。15日，新任华北驻屯军总司令香月清司抵达天津，立即制订先占平津，再占保定，然后在德（州）石（家庄）线同中国军队决战的作战计划。半个月过后，集结平津的日军已达6万人以上。

驻守平津地区的29军军长宋哲元，却把卢沟桥事变定性为一场普通的冲突，对停战心存幻想，并在亲日分子怂恿下与日方开始谈判，使日军获得了增兵华北的足够时间。18日，宋哲元与香月清司在天津会面，认为“和平解决已无问题”。宋哲元回到北平后，命令撤除城内各要道路口的巷战防御工事，开启已关闭数日的城门。

宋哲元奉命一再妥协退让，换来的却是日军步步紧逼。兵力部署完成后，25日日军大举进攻廊坊。次日，香月清司向29军发出最后通牒，要求中国守军立即撤出北平。当晚，500余名日军试图通过广安门强行闯入城内，遭29军阻击未能得逞。香月清司遂下令27日向29军发起总攻。但因北平城内日本侨民尚未完全撤出，香月清司又将总攻时间改为28日。

直到这时，宋哲元才意识到日军大举进攻即将来临，仓促部署应战。他命令29军军部和38师114旅由南苑移驻北平，副军长佟麟阁留守。此时，29军驻南苑部队有：特务旅，骑9师一个团，第38师特务团、炮兵团和一个步兵团，以及军官团、军官教导团、军事训练团等共7000余人。同时任命132师师长赵登禹为防守南苑的总指挥，率部增援南苑，骑兵9师师长郑大章为副总指挥。

南苑守军虽然人数不少，但非战斗人员较多，各部战斗力参差不齐。为29军培养干部而设立的军事训练团，兵力虽有1500余人，但成员都是北平、天津、保定等地大中院校的学生，入伍仅半年，战斗常识与实战经验都很缺乏。守军武器装备也很落后，没有防空和反坦克武器，对飞机轰炸和坦克进攻几乎没有还击之力。

尽管武器装备处于劣势，但南苑守军士气高昂。佟麟阁把南苑营房的围墙作为防御阵地，并在营房附近的树林里挖掘单人掩体和马匹的防空洞，以及各种掩体，阵地前100多米纵深的庄稼全部砍掉，以扫清射界，准备应战。

27日傍晚，赵登禹率132师先头部队赶到南苑，但后续部队却在团河与日军遭遇，行动受阻，导致38师114旅董升堂部因无部队接防，也留守南苑。赵登禹将指挥所设在第9营房，与佟麟阁、郑大章共同商议应敌之策。

深夜，指挥所接侦探报告，日军联合部队向南苑四周聚集。南苑守军立即召开师、旅、团长会议，令全部官兵进入阵地，严阵以待。

拼死坚守

28日，日军第20师团一部、日本中国驻屯军河边正三旅团、炮兵联队2个大队、航空兵一部等6000余人，气势汹汹地向南苑扑来。

是日拂晓，日军先是出动两架侦察机，在南苑上空盘旋后向东北方向飞去。随后，5架轰炸机呼啸而来，向骑9师营区投弹，地面炮火也向营区猛烈轰击。骑9师部队没来得及隐蔽疏散，人马死伤严重。郑大章下令暂时撤出阵地，躲进青纱帐，以减少伤亡。日军对整个南苑营区狂轰滥炸，兵营一片火海，大部分营房被炸毁。

两小时火力准备后，日军第20师团主力和华北驻屯军一部，从东、南两面同时发起地面进攻；另有一部从北边切断了南苑通向北平的公路；日军河边正三旅团，从西面向第38师阵地发动进攻，对南苑守军形成合围之势。

面对日军大举进攻，佟麟阁、赵登禹临危不乱，沉着指挥。29军官兵士气高涨，奋力反击。

河边正三旅团一木清直大队冲到38师特务团防区时，团长安克敏指挥士兵猛烈还击，并亲自带领大刀队同日军展开肉搏，击退敌人一次次进攻。

日军第20师团主攻第38师114旅董升堂部的西南防区，步兵在炮、空火力和坦克掩护下连续发起十几次冲锋，多次冲到营墙外壕边缘，被中国守军用步枪、机枪和手榴弹一次次击退。

经过几番激战、几番厮杀，兵营大部分工事被摧毁，通信联络被切断。在日军轮番攻击下，南苑守军逐渐陷于被动。

更为不利的是，由于冀察政务委员会政务处处长潘毓桂的出卖，日军提前得知29军作战部署，将防御薄弱的军事训练团东南阵地作为突破口，集中火力猛攻。军事训练团利用配备的轻机枪和掷弹筒，在营墙上与日军激战，击退敌人数次冲锋。凶残的日军步兵在飞机大炮掩护下蜂拥而至，学员们毫不退缩，以年轻的血肉之躯与日军展开肉搏，不惜以伤亡十倍于日军的代价迟滞敌军进攻。终因寡不敌众，阵地被日军突破。

赵登禹率指挥所由南营区转移至北营区继续指挥战斗，并令董升堂负责南营区作战，竭力恢复军事训练团阵地。

血在流，火在烧，守军誓死不退，战斗仍在继续……

将士喋血

激战至中午，29军军部命令，南苑守军向北平突围。为确保部队有序撤离，佟麟阁决定在南苑至北平的必经之路大红门附近，由自己的卫队统一编组指挥，掩护大部队撤退，收容零散人员。

此时，从通县赶来的日军萱岛联队，根据情报改变作战方向，已在大红门天罗庄一带设下重兵埋伏。下午1时许，北撤部队进入日军伏击圈，受到日军轻、重机枪和迫击炮疯狂攻击，一时间尸横遍野、惨烈至极。佟麟阁亲自断后，指挥部队撤离，被机枪扫中腿部，仍坚持指挥，守军们深受鼓舞，舍命与日军拼杀。日军见地面进攻遭到顽强抵抗，遂派两架飞机低空扫射，佟麟阁不幸头部中弹，壮烈牺牲。

赵登禹指挥部队与日军厮杀，且战且退，当部队撤至大红门御河桥时，他乘坐的黑色轿车遭到日军的猛烈扫射。赵登禹左臂负伤，部下劝他赶紧撤离，但他毫不理会，继续顽强坚守，前额和胸部多处中弹，以身殉国。

当天下午，宋哲元召开紧急会议，宣布奉命放弃北平，退守保定，委派张自忠任冀察政务委员会代理委员长、冀察绥靖公署主任兼北平市市长。

此时，坚守南营区的董升堂部，由于通信联络中断，没有及时接到撤退命令，在腹背受敌的情况下仍坚守阵地，直至下午6时30分，才奉命向南突围，当夜到达固安县城。

29日，驻守北平的29军撤离完毕，北平沦入敌手。南苑保卫战，中国守军以伤亡两千多人的惨痛代价，沉重打击了日军的嚣张气焰，打出了中国军人的血性，被日军称作“白日下的噩梦”。

经过艰苦卓绝的英勇斗争，中国人民最终取得了抗日战争的伟大胜利。1945年10月10日，在故宫太和殿广场举行中国第十一战区受降仪式，接受华北地区日军向中国投降；10月16日，在南苑机场举行平津等地日本空军签降仪式。南苑，这一中国军人当年的蒙辱之地，8年后成为雪耻之地。

（执笔：刘慧）

八路军冀热察挺进军司令部旧址

八路军冀热察挺进军司令部旧址位于今北京市门头沟区斋堂镇马栏村107号，是一座坐北朝南的标准两进四合院。1939年2月，萧克根据中共中央指示，在平西组建八路军冀热察挺进军（简称挺进军）。10月，挺进军司令部进驻马栏村。萧克在此提出“巩固平西、坚持冀东、开辟平北”三位一体战略任务。挺进军广泛发动群众，建立巩固民主政权，开展游击战争，沉重打击日伪，书写了平郊抗战的崭新一页。

1995年，挺进军司令部旧址被公布为北京市文物保护单位。1996年，此处建成挺进军司令部旧址陈列馆。陈列馆先后被公布为市级爱国主义教育基地、市级青少年教育基地、市级国防教育基地、北京市廉政教育基地。2020年，陈列馆入选第三批国家级抗战纪念设施、遗址名录。

冀热察挺进军司令部旧址

冀热察挺进军的指挥中枢

北京门头沟区斋堂镇马栏村有一条镶嵌着红五星的石子小路，路面镶嵌着间距不等的红砖线，第一与第二条红砖线间隔3.7米，第二与第三条红砖线间隔3.9米。3.7，寓意1937年全民族抗战爆发；3.9，寓意1939年八路军冀热察挺进军司令部进驻马栏村。沿着这条路向前不远，就是挺进军司令部曾驻防的四合院。司令部在这里的峥嵘岁月，给马栏村打下了不可磨灭的红色烙印。

成立冀热察挺进军

巍巍太行，莽莽燕山。两座山脉接合部，就是抗日战争时期的冀热察区域，它逼近北平、天津、唐山、张家口、承德等日军占领的中心城市，战略位置非常重要。按照中共中央和毛泽东部署，八路军首先开辟平西根据地，然后以平西为基地挺进冀东，以雾灵山为中心开展抗日游击战争。

1938年2月，八路军晋察冀军区邓华支队进入平西斋堂川，摧毁日伪政权，镇压土匪，收编地方武装，开辟平西根据地。5月，八路军第120师宋时轮支队与邓华支队会合，组成八路军第4纵队，受命挺进冀东，配合冀东大暴动。10月，第4纵队和冀东抗日武装在西撤途中遭日军围堵，遭受重大损失，冀东大暴动失败。

中央军委认为，冀热察地区有许多有利条件，可以坚持游击战争，创建游击根据地，决定成立八路军冀热察挺进军，派萧克前往工作，并成立军政委员会，统一领导军队及地方工作。

1939年1月，萧克到达平西，在斋堂川上、下清水村召开宋、邓两支队及平西各县领导人会议，传达中共六届六中全会精神和中央关于成立冀热察挺进军与冀热察军政委员会的决定，宣布萧克任挺进军司令员兼政治委员，同时任军政委员会书记的命令。

不久，挺进军在野三坡正式组建，第4纵队番号撤销，其第11、第12支队和冀东抗日武装依次改编为挺进军第11、第12支队和冀热察抗日联军，共5000余人。挺进军成立后，在平西地区进行了4个月的扩军，到当年夏天，总兵力达到1.2万人。

挺进军司令部最初设在上、下清水村，后迁至山南村。1939年6月，因日军一再轰炸，司令部移驻涞水县与房山县交界处的东马各庄村，10月，又迁往宛平县斋堂镇的马栏村。

战略任务在这里提出

萧克率司令部机关进驻马栏村后，那座四合院北屋里的灯光就常常彻夜不熄。面对冀东大暴动失败，以及两次挺进平北被迫返回的严酷现实，他在思索着如何开辟一条适合冀热察根据地发展的道路。

灯光下，他反复学习党的六届六中全会文件，认真研究毛泽东《论持久战》和《孙子兵法》等军事经典，从“一鼓作气，再而衰，三而竭”，联想到冀东大暴动就是“一鼓作气”起来的，虽然暂时遭受挫折，但因为有中国共产党的领导，“气”并未衰退，还有继续坚持游击战争的后劲。如果平西能够巩固，冀东能继续坚持，又把平北发展起来，就能“常存有余不尽之气”了。于是，他脑海中逐渐形成“巩固平西、坚持冀东、发展平北”，将三块根据地连成一片协同作战的战略构想。

按照这个构想，平西是华北抗战的重要战略支点，是晋察冀根据地北面的有力屏障，是向冀东、平北发展的前进基地，也是冀热察地区的指挥中心，因此，挺进军的首要任务是“巩固平西”；“坚持冀东”开展游击战争，就会分散敌人的兵力，配合平北的开辟；平西到冀东，冀东来平西，都要经过平北，所以必须“发展平北”，使其成为冀东和平西的纽带。这三个任务是一个有机整体，相互关联，相互依存，不可分割。

1939年11月，萧克在中共冀热察区委和挺进军军政委员会联席会议上，正式提出“三位一体”战略方针，后报中共中央批准。萧克给干部做报告，对“三位一体”的内容、相互关系、实现条件以及应克服的各种错误倾向等，做了详细论述。挺进军机关报《挺进报》全文发表萧克讲话，进行深入宣传。

马栏村四合院诞生的“三位一体”战略任务，从政治思想上、军事战略上，统一了党政军干部的认识，对创建冀热察根据地发挥了重要作用。

完成战略任务

为完成“三位一体”战略任务，1939年11月挺进军首先在此进行了大规模整编：取消支队建制，将第11支队的第31、第32、第33大队和房（山）涞（水）涿（县）游击大队编为第6团与第7团；第12支队和平西游击队一部编为第9团；抗日先锋队和冀东抗日联军及平西游击队的另一部，合编为第10团；冀东暴动撤到平西整训的800多人编为第12团；留在冀东的包森支队等编为第13团。

部队整编后，在马栏村召开政治工作会议，建立健全各种规章制度，加强军事训练，进一步提高了部队军政素质和战斗力。

为巩固平西，1940年1月，挺进军主力一部出击宛平、房山境内的王平口、佛子庄、长沟峪、周口店一线，袭占南窖、北窖等日、伪军重要据点，破坏从这里运煤至北平的高线铁道，歼敌200多人。在永定河畔、门头沟地区、北平近郊，挺进军也频频出击，连连得胜，给日、伪军以沉重打击。春节前夕，第10团在圈门“虎口夺粮”，有效缓解了平西根据地粮食匮乏的困难。挺进军的一系列作战行动，进一步巩固壮大了平西抗日根据地。

为坚持冀东，萧克将冀东前来轮训的干部和整训的部队重新派回，整编冀东游击武装，积极开展游击活动，建立了冀东第一个抗日民主政权——丰（润）滦（县）迁（安）联合县。1940年1月初，中共冀东区分委在遵化召开会议，决定今后的主要任务是巩固已有的游击区，开辟新区，建立多块小游击根据地。根据会议精神，冀东部队组成9个游击总队，分3

路向西部密云、平谷、蓟县地区，中部丰润、玉田、遵化地区，东南部丰滦迁地区创建和巩固根据地。

为发展平北，1940年1月，挺进军命令第9团第8连与沙塘沟游击队组成平北游击大队，任命钟辉琨为大队长，刘汉才为政治委员，掩护成立不久的中共平北工委开赴平北。游击大队与平北工委密切配合，边打边建，很快成立了昌（平）延（庆）联合县委和县政府，并继续向怀柔、延庆、赤城、龙关之间的广大地区发展。经过4个月的努力，基本站稳了脚跟。

1940年2月1日上午，萧克正在接受战地记者采访，12架日军飞机飞临马栏村上空，持续轰炸10多分钟，村中多处房屋被炸毁，萧克的住处也被炸塌一半。春节过后，萧克带领指挥机关人员离开生活战斗4个多月的马栏村，移至塔河村。

挺进军司令部驻马栏村时间虽短，却为完成“三位一体”战略任务打下了坚实基础。到1941年上半年，平西、平北、冀东连成一片，冀热察根据地人口达320万人，北平、天津、唐山、张家口已经处在八路军的战略包围之中，为夺取华北抗战最后胜利创造了空前有利的条件。

（执笔：刘慧）

宛平县抗日民主政府旧址

宛平县抗日民主政府旧址位于北京市门头沟区东斋堂村万源裕商号大院内。万源裕曾是斋堂川著名的老商号，始建于清末，由两个并排连为一体的院子组成，共14间房。1938年3月25日，八路军晋察冀军区邓华支队协助宛平地方党组织，在这里建立了中国共产党领导的平西第一个抗日民主政权——宛平县抗日民主政府。他们积极贯彻党的抗日主张，团结各阶层力量共同抗日，组建各种抗日群众团体，动员群众支援前线作战，为平西抗日根据地初步形成和巩固发展做出了重要贡献。

宛平县抗日民主政府旧址（现已不存）

平西第一个抗日民主政权诞生

1938年3月25日，沦陷的北平城西，斋堂川万源裕商号大院内，诞生了中国共产党领导的平西第一个抗日民主政权——宛平县抗日民主政府。它的成立，标志着平西抗日根据地初步形成，并以此为中心向周边发展，成为实现“巩固平西、坚持冀东、发展平北”三位一体战略的巩固后方。

开辟平西建政权

平西紧靠日伪在华北的统治中心北平城，地处平绥、平汉铁路的三角地带，是晋察冀边区的东北部屏障，以及向平北、冀东发展的前进阵地，而斋堂川则是平西的门户。北方局、八路军总部根据中共中央洛川会议精神，决定抢在日伪政权建立前进入平西山区，以宛平县斋堂、青白口、清水等地为中心，开辟平西根据地。

早在1937年7月底，刘少奇、彭真就派中共东北特别委员会书记苏梅等人，组成平西武装工作组，赴斋堂、青白口一带。在此前后，宛平党组织原负责人魏国元，也奉命来到这里。10月，中共北平市委农委书记刘杰等，带领一批党员和进步青年到达平西。同期，八路军总部派吴伟、赖富等12人组成平西武装工作组，带着朱德总司令的指示，从阜平出发奔赴平西。几方力量会合后，迅速成立了以魏国元为主任的半政权性质的抗日自卫会筹委会、以吴伟为队长的平西游击支队。中国共产党领导的抗日救亡运动，在平西开展起来。

1938年初，晋察冀军区司令员兼政治委员聂荣臻，决定派主力部队挺进平西，以斋堂川为中心开辟平西抗日根据地。2月中旬，晋察冀军区第1

军分区政委邓华率领第3团向平西挺进，连克日伪据点、摧毁伪政权，镇压土匪、收编地方武装，迅速扩编为邓华支队，为建立抗日民主政权扫清障碍。

3月初，邓华支队进入斋堂川，把司令部设在西斋堂村聂家大院，开始协助地方党组织着手建立抗日民主政权。25日，平郊第一个由共产党领导的抗日民主政权——宛平县抗日民主政府，在东斋堂万源裕商号大院成立，魏国元任县长。县政府内设秘书及总务科、财政科、事业科、教育科和军用代办所等机构。不久，又建立了司法科和人民武装总队，进一步完善了县政府机构。为团结各方力量，在县区政权人员构成上，除中共党员外还吸收了一部分国民党旧政权及地方势力代表人物。两个月后，魏国元调往宣涿怀任职，焦若愚接任县长。

宛平县抗日民主政府成为平西抗日根据地的大本营。

铲除毒瘤平暴乱

八路军主力挺进斋堂川，建立抗日民主政权，从根本上改变了斋堂川地区的力量对比，为平西根据地的发展奠定了基础。

为团结一切力量共同抗日，抗日民主政府广泛发动组织群众，在各村建立救国会、自卫队和农会，积极交公粮、做军鞋、出民夫、抬担架、动员参军，做好后勤保障，支援前线作战。他们还多次召开地方头面人物会议，阐述共产党抗日民族统一战线政策。吕玉宝、郭玉田、李文斌等地方民团头领，纷纷表示愿与八路军合作，积极支持抗日民主政府的工作。

抗日民主政权的建立，也引起了谭天元、平兆斌等地方顽固势力的不满。谭天元打着“内除共匪，外抗强权”的旗帜，搜集国民党军队丢下的枪支弹药组成保卫团，拥兵自重，成为地主武装的重要代表。为了团结谭天元共同抗日，苏梅、邓华、魏国元等人多次登门拜访，宣传党的抗日政策和主张。迫于形势，谭天元表面上“合作”，暗地里却联络清水一带的地主武装，妄图武力推翻抗日民主政权，赶走八路军。

4月的一天，谭天元等人在斋堂村外悄悄集合队伍，准备暴动。早已埋伏在四周的八路军突然将其包围。谭天元的保卫团只好缴械投降，谭本人也被抓获，被押送至晋察冀边区行政委员会处理。谭天元这根“钉子”被拔除后，很多村相继成立了党组织和农会，平西抗日根据地建设得以迅速发展。

谭天元被抓后，以平兆斌为首的地方顽固势力借机制造事端。他大肆污蔑共产党、八路军，公开叫嚣“反对共产党，打跑八路军，推翻抗日县政府，打倒魏国元，释放谭天元”。他还趁夜派人到沿河城抢走了游击队保存的300多支枪，胁迫大村等17个村庄的2500余人组织叛乱，准备与八路军和新生的抗日民主政权分庭抗礼。这就是所谓的“大村事变”。为平息叛乱，八路军和游击队集中兵力，分南、北两路向叛区进发，迅速突破叛军防线。平兆斌见大事不妙，撒腿就跑，叛军很快被打散。叛乱被迅速平息，进一步巩固了宛平抗日民主政权，为平西根据地的发展扫清了障碍。

恢复发展迎胜利

1938年6月，宋时轮、邓华率八路军第4纵队挺进冀东，晋察冀军区第5支队奉命接防平西。

9月，侵华日军华北方面军进犯平西根据地，党政领导机关西撤。敌人攻占斋堂川后，纠结地方反动势力成立伪政权，宛平县抗日民主政府所在地——东斋堂万源裕商号大院被烧毁。

10月，八路军第4纵队从冀东返回斋堂川，摧毁伪政权，根据地得以恢复。为了发动群众，迅速打开工作局面，部队组成临时中共宛平县委和县政府，任命张克宇为县委书记、蔡维新为县长。12月初，西撤的地方干部返回，接替县委、县政府工作，郭永明任县委书记，焦若愚再次任县长，县政府所在地设在西斋堂王成峪弥勒寺内。

八路军冀热察挺进军成立后，平西抗日根据地进一步巩固发展，宛平县抗日民主政府辖区扩大到永定河以北、昌平西部地区。为便于开展工作，1939年3月，宛平县调整为昌（平）宛（平）联合县，焦若愚、章逮先后任县长。

1940年秋，日军在平西根据地大量增设据点，致使宛平抗日政权组织再次遭到严重破坏。为适应抗日斗争形势需要，昌宛联合县政权几经变化整合，先后于1941年底和1943年2月成立昌宛房联合县、昌宛怀联合县。

1944年秋，平西抗战转入局部反攻。为便于领导，9月30日，晋察冀边区行政委员会决定，撤销昌宛房联合县，单建宛平、房山等县，永定河以北改称昌宛县。抗战胜利后，昌宛怀联合县正式改建为怀来县和昌宛县。

1946年7月7日，中共宛平县政府决定，在平西抗日根据地的中心斋堂川地区，建立“宛平县八年抗战为国牺牲烈士纪念碑”。一年后，纪念碑在东斋堂村正式落成，东、北、西三块碑石镌刻着宛平县98个村光荣牺牲的467名烈士的英名、职务及出生乡里；南面石碑碑额分两行横刻“豪气长存　英名万古”八个大字，中间竖刻“宛平县八年抗战为国牺牲烈士纪念碑”名。1998年4月，烈士纪念碑被迁移到地势高耸的斋堂镇九龙头。

抗日烽火中，中国共产党领导创建的平西第一个抗日民主政权——宛平县抗日民主政府，历经血与火的洗礼，为组织领导民众团结抗战发挥了重要作用，谱写了平西抗战史上可歌可泣的壮丽篇章。

（执笔：徐香花）

田庄高小党支部旧址

田庄高小党支部旧址位于门头沟区雁翅镇东北部的田庄村，是一处清代建筑。1926年，共产党员崔显芳在田庄创办高小，播撒革命火种，培育革命力量。1932年夏，中共北平市委派马建民、刘云志、李育民等先后到田庄高小，协助崔显芳开展活动。同年9月，中共田庄高小支部成立。1933年，在田庄高小党支部基础上成立中共宛平县委，下辖田庄支部、青白口支部、沿河城支部等，为宛平乃至平西地区抗日斗争和革命事业的发展打下初步基础。

田庄村现已建成综合性的党性教育基地和爱国主义教育基地，包括田庄高小党支部旧址、京西山区中共第一党支部纪念馆、崔显芳烈士纪念馆、崔显芳故居、雁翅镇革命烈士纪念碑等。

田庄高小党支部旧址

平西山村的抗战星火

全民族抗战爆发后不久，八路军一部挺进平西，创建抗日根据地，平郊抗日斗争逐渐发展为燎原之势。值得一提的是，平郊抗战的熊熊烈火，最早还是从平西山区一个小村庄的微微星火开始燃起的。

深山小院创建支部

早在20世纪20年代初，革命先驱李大钊就派人到门头沟矿区传播马克思主义，兴办农民夜校，初步启发了西山一带乡村民众的认知和觉悟。大革命时期，宛平县开始有了党的活动。中共党员崔显芳从上海学成归来，回到家乡宛平县田庄村。他先后在田庄、青白口创办小学，开启民智、传播新思想，以此为掩护开展革命活动、培养革命力量。

1931年，中共河北省委保属特委派党员贾汇川，以教员身份，到宛平八区下清水高小开展革命活动，并建立党的外围组织反帝大同盟。九一八事变爆发后，下清水高小师生群情激愤，在反帝大同盟成员带领下，积极投身揭露国民党当局不抵抗政策、宣传抗日救国的活动。崔显芳主动请贾汇川到青白口任教，开展党的活动，他们在师生中陆续发展了赵曼卿、张又新、高奉明、师永林、崔荣春、崔兆春入党，同时还发展了魏国元、魏国臣、刘天才、魏元璋、师守琪、高永俊、高连波、崔景元等一些团员。

1932年夏天，青白口高小迁至田庄，贾汇川因调动离校，党组织派马建民、刘云志、李育民等人先后到田庄高小任教。在崔显芳、马建民等组织领导下，9月成立了田庄高小党支部。崔荣春、张又新先后任书记，高奉明任副书记，高连勇任组织委员，李育民任宣传委员。党组织积极在校内外发展力量，贴标语，散传单，宣传共产党主张，揭露国民党政府不抗日、打内战、欺压百姓的行径。这一时期，青白口村党支部、沿河城党支部、黄土贵村党小组也相继成立。

田庄高小党支部所在地是崔显芳哥哥崔显秀的家，他专门腾出两间房支持弟弟办学。白天这里是教书育人的地方，晚上这里是党员开展活动的场所。就是在这深山小院里，走出了平西山区第一批共产党员。

聚力抗日屡遭破坏

在发展党团员的基础上，1932年秋，崔显芳以中共河北省委保属特委特派员身份主持成立中共宛平临时县委，赵曼卿任书记，县委机关设在田庄。1933年春，经上级党组织批准，中共宛平县委正式建立，时有党员40余人。县委领导各党支部和进步组织，在宛平山区秘密开展革命活动。

这时，日军进攻长城各口，侵略矛头直指北平和天津。中华民族危机日益严重，国民党政府仍坚持“攘外必先安内”的反动政策，中国共产党高举抗日旗帜，向全国发表《为日本帝国主义进攻热河与华北告全国工农劳苦群众书》。宛平县委根据中央决议精神和上级指示，结合本地区斗争实际，由魏国元等人在沿河城的深山里，秘密建立枪械修造所，组建游击队。同时，在田庄、淤白、雁翅等村散发传单，进行抗日游行宣传。

1933年9月18日，九一八事变爆发两周年，宛平县委组织了一次“提灯会”游行宣传。当晚，田庄村山路上马灯闪动，火把如龙，学生和村里青年纷纷加入游行队伍，高呼“反对内战”“一致抗日”，队伍从田庄出发走到西北的淤白村，又到南面的苇子水村、下马岭村，一直到达雁翅村。沿途的山村无人安睡，父老乡亲们议论纷纷，反响强烈。

这次活动触动了反动政府的神经，于是派流氓打手破坏田庄高小。宛平县委被迫以青白口的一元春药铺、沿河城的宝立成银铺等为掩护，继续秘密开展活动。1934年7月，国民党调动警备团“围剿”共产党组织，中共宛平县委再次遭到破坏，崔显芳及县委成员赵曼卿、魏国元、高连勇等人先后被捕。经党组织营救，崔显芳、赵曼卿、高连勇最终获释，魏国元以涉嫌“勾结共匪”“私造军火”等罪名被羁押，最终以“危害民国罪”判刑两年半，崔显芳因在狱中遭到残酷迫害，出狱不久去世。

中共宛平县委遭到破坏后，田庄党支部仍在活动。北平地下党组织派负责西郊农民运动工作的王恒，多次进入田庄、淤白一带开展秘密活动，联络党员和爱国进步人士，指派高永升为田庄地区地下党组织负责人，高奉明为联络员。

1936年夏，魏国元被组织营救提前出狱，与党组织取得联系。王恒前往魏国元在城里的住处，将田庄一带党组织名单移交魏国元保存。魏国元回到宛平，以补办婚礼的名义，设流水宴席，请戏班子搭台唱戏，设法联络上了过去的同志。他奉命着手恢复宛平地区党组织，组建武装力量，迎接更大的暴风雨的到来。

同仇敌忾接续战斗

卢沟桥事变爆发，拉开了全民族抗战的序幕。中共中央北方局、八路军、北平地下党组织基于宛平有较好的工作基础，分别派人深入宛平山区开展活动、发展力量。党在平西深山播下的革命火种，迅速发展为抗战的熊熊烈火。

1938年3月，八路军晋察冀军区派邓华支队开进平西，建立了第一个党领导下的宛平县抗日民主政府，开辟了以宛平为中心的平西抗日根据地。田庄又成为平西抗日根据地军民不怕牺牲、英勇抗战的一个生动缩影。

平西山村的播火人崔显芳，把自己未竟的革命事业托付给了后人。当年他临终前曾把两个成年的儿子叫到跟前，在大儿子手掌中比画着“跟党走”几个字。这用鲜血和生命写就的“遗嘱”，成了整个大家庭的座右铭。他的子侄辈中，7人都在抗战前后加入共产党。除崔显芳外，崔家还有3位革命烈士。崔显芳的侄子崔一春，全民族抗战爆发后积极投身抗日工作，先后担任房（山）良（乡）县一区、四区区长等职。1940年秋，日、伪军对平西抗日根据地实施“扫荡”，崔一春在霞云岭附近不幸被捕，面对百般劝降不为所动，面对活埋威胁忠贞不屈，最终英勇牺牲，时年37岁。崔一春的女儿崔克勤，从小深受父亲教育影响，从抗日军政大学第四分校毕业后，被派驻涞水县木井村宣传抗日。1941年3月26日，日、伪军对木井村“扫荡”，崔克勤组织群众向村北长水涧转移，途中被敌人发现。为掩护群众，她只身将敌人引开，最后在四面包围中毅然拉响手榴弹，与敌人同归于尽，年仅16岁。崔显芳的侄子崔锦春，先后在昌（平）宛（平）县、平西秘密交通联络站、晋察冀分局社会部从事地下抗日工作，解放战争时牺牲。

崔显芳在本村有一个同宗兄弟崔显堂，早年也受他进步思想影响，后经崔显芳长子、田庄村党支部书记崔兆春介绍入党。为配合八路军对敌斗争，崔显堂在田庄附近建立农会，经常组织会员到周边村子，宣讲党的政策和抗日道理，发动更多父老乡亲加入抗日队伍。后来，担任党领导的田庄合作社主任、村党支部书记。1942年5月，日军占领了斋堂川，并在田庄设据点。党组织指示崔显堂接受日伪任命的伪乡长职务，并凭借伪乡长身份打入敌人内部，侦察敌情，以便更好地打击敌人，保护干部群众。崔显堂毫不犹豫地接受了。他顶着乡亲的唾骂，忍辱负重，一边应付日、伪军，一边秘密开展党的活动，设法保护乡亲，给八路军送情报，还曾营救被捕的八路军战士。后因敌人起疑，崔显堂被扣押并受尽酷刑，但始终没有屈服，最终被杀害。

抗日战争时期，中共冀热察区党委为沟通抗日根据地与平津地下党的联系，在平西抗日根据地与平津之间设立秘密交通线，田庄是其中的一个秘密交通站点。党组织指派一些交通员，在当地干部村民掩护下，通过交通站输送干部和进步青年，传递党的指示和情报，运送各种物资等。日、伪军多次在田庄“扫荡”，抗日军民也在这里展开斗争，截运粮车、割电线……小小山村书写了北平地区抗日斗争的一个个感人故事。

走进如今的田庄村，灰墙青瓦的历史建筑静静矗立，革命遗产遗迹随处可见，向世人展示着古老山村不可磨灭的红色记忆。

（执笔：陈丽红）

平西情报联络站纪念馆

平西情报联络站纪念馆位于北京市门头沟区妙峰山下，由涧沟村关帝庙改建而成，2009年4月对外开放。纪念馆建筑面积700平方米，现有基本展陈面积130平方米，分三间展室、一座数字放映厅。纪念馆以文字说明、图片介绍、文物陈列、专题片放映、新媒体互动、沉浸式体验为主要形式，展现了平西情报联络站在抗日战争和解放战争时期为党的隐蔽斗争事业做出的重要贡献。该馆是北京市第一家对公众开放的以情报战线斗争为主题的纪念馆，现为全国国家安全教育基地、北京市爱国主义教育基地。

平西情报联络站纪念馆

联通根据地和北平的情报枢纽

卢沟桥事变后，北平、天津相继沦陷，中国共产党在城市的工作完全转入秘密状态，斗争方式转为隐蔽斗争，平西情报联络站（简称“平西站”）应运而生。1940年，中共中央总结白区工作经验教训，提出“隐蔽精干，长期埋伏，积蓄力量，以待时机”的十六字工作方针。平西站坚持贯彻这一方针，在北平抗战的斗争中发挥了重要作用。

安全可靠的情报站点

平西情报联络站纪念馆是一个坐北朝南的四合院。走进小院，迎面而来的是一组巨型的铜制浮雕，把情报人员当年秘密发送电波、乔装卧底、运送物资等情景，刻画得栩栩如生。浮雕的上端，“胜似雄兵十万”六个镏金大字在阳光的照射下熠熠生辉。这面浮雕，直接将我们带入了那场没有硝烟的战争中。

1939年2月，中共中央社会部（简称“中社部”）成立，负责领导各根据地和敌占区的情报保卫工作。同年，中社部做出“晋察冀成立华北敌后城市工作联络处”的决定，由许建国任部长，代表中社部领导华北敌后城市的情报工作。6月，中共中央北方分局社会部（简称“北方分局社会部”）成立。

8月，许建国派交通科科长史光到平西及保定、满城地区工作，在不到两年的时间里，先后建立了满城交通站和平西情报联络站。

平西站由钟子云、李才分任正、副站长，直属北方分局社会部领导，主要任务是：接送中社部、北方分局社会部人员，物色适合去北平、天津和保定等敌占区城市工作的人员；建立交通站、联络点，深入敌占区开展各种情报工作；为中社部代管北平、天津、保定、唐山、山海关和东北各地打入敌伪内部的情报组织；继续寻找、联系东北抗日联军。主要领导满城交通站、妙峰山交通站，负责平西妙峰山交通线、平西三家店交通线、保（定）满（城）交通线、房（山）涞（水）涿（县）交通线的运转。

妙峰山交通站是平西站分站，该站负责沟通北平、天津与平西站之间的联系。妙峰山的优点在于隐蔽并距离北平较近。北平城内情报人员获得情报后，用不同方式快速送往妙峰山交通站，再迅速中转给平西站，最后平西站用电台报告给北方分局社会部或直接报告给中社部，从而确保情报安全和情报组织安全。妙峰山交通站配有武装交通人员，负责与北安河、海淀等地的秘密交通人员接头、传递情报，还负责护送地下工作人员出入敌占区，帮助转运药品、军需物资到解放区等工作。

1942年秋，平西站移驻易县裴庄村，改称“晋察冀一分区情报联络站”。次年冬，为确保平津地下工作联络畅通，决定在妙峰山涧沟村建立隐蔽电台。为加强妙峰山地区的情报联络工作，许建国调回晋察冀分局社会部后，于1944年11月派梁波到妙峰山地区，将原来的妙峰山分站扩建为平西站。这时的平西站，只负责妙峰山地区的情报工作，归晋察冀分局社会部直接领导。从此，平西站成为联通根据地和北平的情报枢纽。

冲破黑暗的红色电波

纪念馆分为三个主题展厅，第一个展厅集中展示了抗日战争时期，平西情报联络站在隐蔽战线斗争中发挥的作用。

平西站的主要任务之一，是建立大功率的地下电台，及时向上级报送情报人员获取的重要信息，保持根据地与北平城内地下党组织的电讯联络。

1940年5月，平西站在妙峰山建立电台，用于与北方分局社会部的通信联系。平西站还利用各条交通线陆续派遣李才、李振远、周时、王文、王凤岐等情报人员潜入北平，建立地下电台，发展情报关系。

展厅墙上的历史照片以及情报工作者使用过的手枪、刺刀等文物，就是当年隐蔽战线斗争的历史见证。

平西站站长钟子云曾两次潜入北平城内，了解工作情况。第一次是1941年4月，从河北涞水计鹿村出发，经妙峰山、七王坟、北安河抵达海淀，秘密进入北平，与燕京大学英籍教师林迈可接上关系，林再用摩托车送他进入城内。钟子云先后秘密会见了潜伏于北平的黄浩、王定南等10余名同志，了解他们发展情报关系的情况。

第二次是1942年4月底，钟子云通过房（山）涞（水）秘密交通线进入北平城内，约见了前期潜伏下来的李才。听取他汇报由于缺少零部件，又缺乏经验，导致试装电台失败的经过。钟子云勉励他总结经验，继续大胆尝试。其间，钟子云还见到了王文、王凤岐夫妇。王文详细汇报了建立秘密电台后，一直未能与平西站电台取得联系的原因。听取汇报后，钟子云担心风险太大，夜长梦多，经请示许建国，决定将他们从北平调回平西站。

为了使平津的地下情报工作联络通畅，1943年冬，上级派苏静在妙峰山涧沟村建立秘密电台。苏静与户主的儿子假扮夫妻，数年如一日，秘密传递重要情报，顺利完成上级交给的艰巨任务，直至解放战争胜利。

1944年，平西站第二次将王文、王凤岐夫妇派到城内建立电台，这次终于与平西站电台联络上。从此，红色电波划破黑暗，源源不断地从北平城内飞向根据地，从根据地飞向北平城内。

支援敌后的“驼峰航线”

平西站另外一项重要任务是，保证根据地和敌占区往来人员的安全，将在敌占区筹集到的电讯器材、医药、布匹、食盐等紧缺物资送往根据地。

展墙上一幅外国人的照片格外醒目，他身着西装，系着领带，正在喝啤酒，看着好不惬意。实际上，他是在这里等待和八路军接头。抗日战争时期，在北平的许多国际友人，同情、支持中国抗战，图片上的主人公林迈可就是其中之一。

平西站设在燕京大学的联络点负责人肖田，与校长司徒雷登关系密切。肖田利用这一有利条件，积极开展对司徒雷登、林迈可等外籍人士的统战工作，先后两次陪同林迈可等人赴晋察冀根据地进行考察。林迈可从根据地返回后，借助外籍身份，积极为根据地购买药品及无线电零部件等紧缺物资，多次用自己的摩托车或借用司徒雷登的汽车，将之运送至平西站。林迈可精通无线电技术，曾与肖田的弟弟肖芳一起组装多部电台，由平西站交通员运至抗日根据地。

当时，日军对根据地急需的药品尤其是西药严密封锁。中共地下情报工作人员黄浩，利用自己基督教长老的身份做掩护，在各界同胞及国际友人的帮助下，购买药品及医疗器械。黄浩的好友法国人贝熙叶在北京行医多年，他冒着生命危险开辟了一条自行车“驼峰航线”，将黄浩冒险筹集到的医药物资，从北平市内运到自己在海淀西山的别墅——贝家花园，再由平西站转运至根据地。从此这条“驼峰航线”，也成为平西站转送人员、物资的秘密通道。2014年3月27日，国家主席习近平在中法建交50周年纪念大会上的讲话中，特别提到了这位法国友人。

1941年12月，太平洋战争爆发，美国对日宣战。林迈可收到消息后，意识到危险，第一时间开着司徒雷登的小汽车离开燕京大学这所美国教会学校。他一路躲过日本人的追捕，来到贝家花园。第二天，平西站派交通员将他和妻子李效黎接至妙峰山。翌年春，林迈可夫妇几经辗转到达晋察冀根据地，受到军区司令员兼政治委员聂荣臻的热烈欢迎。

平西站西连晋察冀根据地，东接平津敌占区。它的建立，实现了根据地与北平地下党组织的异地领导，特别是为根据地提供了大量情报，转送了大批人员、物资，在平津抗敌斗争中发挥了重要作用。

（执笔：常颖）

房良联合县政府旧址

房（山）良（乡）联合县政府旧址位于北京市房山区佛子庄乡长操村，现为房良联合县政府（遗址）抗战纪念馆。卢沟桥事变后，为在敌后广泛开展抗日武装斗争，八路军总部、中共中央北方局、北平市委及东北特委相继派出部队和干部进入平西开展工作。随着平西抗日根据地的创建，1938年5月8日，房良境内的第一个县级抗日民主政权——房良联合县政府成立。全县掀起参军参战、筹粮筹款、支援前线的抗日热潮。1941年6月，房良联合县与涞（水）涿（县）联合县合并为房涞涿联合县，结束了三年建政历史。2017年7月7日，纪念全民族抗战爆发80周年之际，房良联合县政府（遗址）抗战纪念馆正式开馆。

房良联合县政府（遗址）抗战纪念馆

房良地区首个县级抗日民主政权

走进房良联合县政府（遗址）抗战纪念馆，迎面矗立着宋时轮、邓华两位将军的塑像，他们身着军装，头戴军帽，英姿勃发，一人手拿望远镜，一人手指前方，仿佛重现昔日房良地区的抗日烽火。

挺进平西建立政权

卢沟桥事变后，日军向北平、天津发动大规模进攻，处于北平西南的房山、良乡等城镇，先后沦陷。

日军第20师团在房山、良乡及附近的村庄进行野蛮的烧杀抢掠。几十天里，杀害两地无辜百姓800余人，烧毁房屋700余间。面对日本侵略者的野蛮暴行，当地人民纷纷起来抵抗。平原地区大多数村庄建立了自卫团。山区和平原交界地区，也都建立红枪会、抗日复仇军、联庄会等。这些地方武装，名目繁多，大多数打着抗日旗号，属于保境安民的自卫性质。

1938年2月，按照中共中央洛川会议提出的在冀察边境开展抗日游击战争、创建抗日根据地的方针，晋察冀军区司令员兼政委聂荣臻派邓华支队挺进平西，连克日军据点，摧毁日伪政权；镇压土匪，收编地方武装；发动群众，建立抗日政权，成立宛平县政府，为开辟平西抗日根据地打下良好的基础。随后，八路军120师宋时轮支队经雁北到达平西，与邓华支队合编为八路军第4纵队，奉命挺进冀东。晋察冀军区命第五支队到平西接防。

第五支队进驻平西后，根据中共中央北方分局和晋察冀边区行政委员会的指示，立即抽调一批干部充实、整顿县政权和地方武装，并决定新建房良联合县。第五支队派杜伯华、郭方、尚英、贾嵩明等人到房山五区政府所在地南窖，进行建县筹备工作。他们重视在进步的知识分子、青年学生中发展党员，傅伯英、赵然等先后入党，随后又发展一批农村党员。杜伯华等人组织召开各界会议，广泛协商，讨论建县事宜，决定将县政府设在佛子庄乡长操村。

5月5日，房良联合县抗日救国会（即县委）成立，郭方任主任，赵然任组织部部长，傅伯英任宣传部部长。8日，召开大会宣布房良联合县政府成立，郭方任县工委书记，杜伯华任县长。全县设三个区，五区（南窖一带）是巩固区，四区（河北村一带）、九区（霞云岭一带）是联防区。共辖50多个村，其中巩固村29个。同时组建平西游击四支队（房良县大队），贾嵩明任支队长，尚英任政委。自此，房良境内的第一个县级抗日民主政权诞生。

为巩固和发展新生政权，杜伯华撰写了《告全县同胞书》，带领县政府机关干部，广泛开展抗日宣传，发动群众，建立乡村抗日政权。房良地区的抗日斗争，有了一个新的开端。

军政配合惩奸除恶

艰苦的战争环境，严峻的斗争形势，考验着新生的抗日民主政权和抗日军民，部队个别意志薄弱者走上背叛党和人民的道路。1938年7月末，第五支队司令员赵侗逃往南方国民党统治区，引起队伍内部思想混乱，当地土匪也乘机猖獗起来。

为稳定局势，聂荣臻命晋察冀军区第1军分区司令员杨成武前往平西，做好部队思想工作。杨成武立即率2团2营和分区特务营，兵分两路，星夜兼程，赶赴第五支队驻地。8月8日晚，部队来到霞云岭一带。杨成武下令就地宿营，特务营驻霞云岭，2营驻王家台。这里是深山区，多数村庄被地主豪绅控制，残匪溃兵多流窜于此，多年来形成割据一方的局面。

早在第五支队来到平西时，霞云岭自卫团头目杨天沛、杨万芳虽表示愿意接受八路军改编，但内心始终对八路军怀有敌意，明里联合，暗里捣鬼。这天，他们得知八路军夜宿霞云岭一带，便勾结张坊、南尚乐的土匪千余人，分成两路进行偷袭。夜宿霞云岭的特务营及时发现，顺利突围，安全撤出。宿营王家台的2营被土匪包围，经过两天多的激战，终因寡不敌众，数十位战士英勇牺牲。

王家台惨案的发生，使房良地区斗争形势进一步恶化。日、伪军趁机向平西抗日根据地发动进攻，房良联合县政府被迫转移到涞源、灵丘一带。日军来到长操村，烧杀抢掠，焚毁县政府及民房百余间。

10月，宋时轮、邓华率八路军第4纵队由冀东返回平西，展开对地主武装的复仇行动，一举击溃霞云岭自卫团，活捉杨天沛、杨万芳等首恶分子。同时，第4纵队以强有力的军事行动向西、向南扩展，使平西与冀热察边区连成一片。房良联合县政府随之迁回房山五区下石堡村。

为消除隐患，县政府决定收缴散落在民间的私有枪支。县里专门成立收枪委员会，共收缴步枪400余支、机枪10余挺。之后，房良县政府着手根据地的恢复和发展工作，县政府干部深入霞云岭地区，发展党员，筹建基层党组织，很快，四马台、庄户台、龙门台、堂上、东村、芦子水等村，先后都有了党员。堂上村还建立了全县第一个农村党支部。根据地的抗日工作重新活跃起来。

动员群众参战支前

1939年3月，中共中央北方分局和中共冀热察区党委，决定建立平西专署，杜伯华任专员，刘介愚任房良联合县县长。5月，建立平西地委，郭强任组织部部长，赵然任房良县县委书记。房良县委和县政府重新调整区划，全县划为7个区，县政府迁到堂上村。随着平西形势的好转，建政工作也顺利展开。

积极壮大党的组织。1940年初，根据平西地委指示，县委在张坊附近的大峪沟，举办党员训练班，赵然担任教务主任，党员干部180多人参加。学员们白天外出宣传抗日，晚上集中训练学习。至年底，根据地70户以上的大村，大多建立了党支部。房良县已有党支部35个，党员422名。

动员全县人民积极参军参战、筹粮筹款、踊跃支前。穆家口村一次参军12人；王老铺村400口人，一次参军46人，有的户同时两人参军。各个村庄普遍建立抗日民主政权和群众抗日团体。部队来了，有专人负责备粮、备草；民兵自卫队协助作战；妇救会号召妇女做军鞋、护理伤病员；儿童团站岗放哨，盘查来往行人，负责送信……

开展民主选举运动。产生了房良联合县县议会，赵然当选为县议长。当地许多上层人物争相为抗日贡献力量，他们设立联络站，秘密护送八路军伤病员和地下工作者通过哨卡，并为根据地搞到许多医疗药品和枪支弹药。县议会的成立，对搞好党的统一战线，号召和团结各阶层人士积极投身到抗日斗争中，起到积极作用。

1941年，日军疯狂大“扫荡”，对根据地进行分割、包围与封锁，平西抗战进入困难时期。6月，由于根据地缩小，平西地委决定房良联合县与涞（水）涿（县）联合县合并为房涞涿联合县，结束了三年的建政历史。

房良联合县政府虽然成立时间不长，但是对根据地的巩固发展做出了突出贡献，为平郊地区抗日民主政权建设积累了宝贵经验。

（执笔：韩旭）

怀柔第一党支部纪念馆

怀柔第一党支部纪念馆位于北京市怀柔区九渡河镇庙上村。抗日战争时期，时任昌（平）延（庆）联合县二区区委书记高万章来到庙上村开展工作，建立庙上村党支部，成为中国共产党在怀柔地区建立的第一个党支部。党支部建立后，积极带领当地群众同日、伪军进行不屈的斗争。2006年7月，怀柔第一党支部纪念馆在庙上村落成并对外开放。纪念馆建筑面积5300平方米，包括展厅、高万章塑像和广场。2017年5月，纪念馆主展厅升级改造后，展陈分为点播火种、庙上星火等8个部分，将庙上村抗战的史实及实物融入其中。

怀柔第一党支部纪念馆

莲花山下的抗日战斗堡垒

1940年10月，日、伪军对平北抗日根据地进行疯狂“扫荡”的严峻时刻，莲花山下怀柔庙上村几位年轻人，抱着誓死保家卫国的决心和对中国共产党的向往，聚集在一处十分隐蔽的山洞里，悄悄成立庙上村党支部。从此，抗日的烽火在莲花山下熊熊燃起。

山洞诞生党支部

庙上村地处怀柔西部山区，三面环山，只有东南沿山沟有一条狭窄出口，西北邻延庆县，西南邻昌平县。八路军宋时轮、邓华支队挺进冀东时，路经怀柔，重创日本驻军，拔除了沿路日伪据点，在怀柔长城内外一些地区成立了抗日组织。从此，庙上村就开始有八路军工作人员来往，虽都是短暂停留，但给当地播下了抗日的火种。

1940年，联合县二区区委书记高万章来到庙上村，老百姓亲切地称其“高万丈”。高万章以教书先生的身份为掩护，在庙上村开展工作。

庙上村共有40户，100多口人，分散在上下十里山沟中居住。当时正值抗战最艰难阶段，敌人实行“三光”政策，在庙上村5里范围内就有9个日、伪据点，斗争环境极其艰险。高万章住在贫农王起田家里，白天在学校教书，晚上走家串户，宣传党的抗日救国主张，讲解党领导群众打击日本侵略者，建立自己的政权，人民群众当家做主的革命道理。

经过一段时间的宣传教育，高万章陆续发展王起田、齐利田、韩存好、王起立、韩存稳等人入党。10月的一天上午，齐利田、韩存好等人秘密行动，来到庙上村东面山林内一个叫“凤凰坨大石堂”的石洞，开会宣布庙上村党支部成立，齐利田为支部书记，韩存好为宣传委员，王起田为组织委员，这是怀柔地区最早建立的中国共产党支部。

抗日烽火高万丈

作为庙上村党支部的领路人，高万章事事走在前头。他来到二区，宣传、组织群众，陆续建立村级政权组织，一些村先后建立了农会、武委会、自卫队等。他还收编了二区内20多名土匪，改造成区游击队，打日寇，灭伪军，鼓舞群众抗日斗志。二道关要设伪警察局，高万章了解后，率领游击队、自卫队前去破坏。敌人盖起一所房，就烧一所，盖起伪警察所，夜间又去给烧了，敌人在二道关伪警局始终没能设起来。他还混在为日、伪军修围子的群众中，宣传抵抗修围子的办法，白天修夜间拆。至今，庙上村的村民始终没有忘记他们的领路人，还在传唱着：个子高，身体壮，军人作风斗志旺；率领区委来庙上，声东击西山上闯；汉奸特务记上账，罪大恶极枪子撞；庙上党支部是他创——区委书记高万丈。

在区委和高万章带领下，庙上村党支部积极发展贫苦、进步群众入党。通过单线联系先后又发展了吕国满、宋普臣等贫苦农民加入党组织，党支部的力量进一步壮大。

这些人入党后，对敌斗争坚决勇敢，自觉遵守党的纪律，即使被捕入狱，也依然严守党的秘密。韩存好被敌人逮捕，问他谁是共产党员，谁是党的工作人员，他什么也没说，尽管被敌人打得皮开肉绽，他还是咬紧牙关不透露半点秘密；宋普臣，被敌人用刺刀划破肚皮，面对死亡，毫不畏惧，依然保守党的秘密；王起顺，送军鞋途中被捕，敌人威逼利诱毫无收获，最后牺牲在敌人铡刀下……

党支部成员还经常在深夜里给八路军传递情报。1941年农历腊月二十八，宣传委员韩存好被敌人找去，敌人强迫他给大庄科据点送信。韩存好走在山路上心想：大年根儿的，我送的信儿是什么事儿？如果是敌人“围剿”我们部队或党的干部那就坏了。想到作为党员的责任，他决定绕几十里山路，将信先送到莲花山县区驻地，上级看信后分析情况，党组织又把信交给韩存好送到大庄科。天色漆黑，伸手不见五指，分不清是道路还是沟坎，韩存好跌跌撞撞，走了整整一夜。回到家时，身上棉衣被枣刺和柴草剐出道道口子，棉絮露出一块一块的。母亲担心儿子安危，也是一夜未睡。

踊跃支前齐上阵

随着抗日斗争情绪的日益高涨，日、伪军对根据地进行严密的封锁，“扫荡”更加频繁，修围子，建据点，集家并村，制造“无人区”。当时怀柔西部二道关一带建有几十个围子，敌人在“无人区”实行“三光”政策，见人就杀，见房就烧，见东西就抢，无恶不作。敌人先后四次到庙上村烧杀抢掠，连猪羊圈都烧了，给抗日工作造成很大困难。

面对严峻的形势，庙上村党支部加强对群众抗日工作的领导，积极配合八路军打击敌人，除奸防特，坚壁清野，护理伤员，做军衣军鞋等，开展大量抗日工作。

村里百姓看到共产党员舍生忘死地保家卫国，深受鼓舞，也积极加入到抗战中。亲历这段艰难岁月的村民王启兰老人回忆，日、伪军来了就烧房子，还到处问藏粮食的地方，可村里没有一个人说。有一次，山下据点里的日、伪军又来搜粮，抓住了她怀孕4个月的嫂子。嫂子被几个鬼子押着上了山，可军粮在哪里坚决不说，她带着日、伪军在山上瞎转悠，专走不好走的山路。敌人气急败坏，抄起大棍子朝她一顿乱打，结果肚子里的孩子没保住，她自己也差点儿丢了性命，但仍咬紧牙关没吐露半点儿消息。

村党支部的抗日工作，得到了乡亲们的大力拥护和支持，庙上村不仅渡过了难关，还取得了很大成绩。村里储存的抗战军粮没少一粒，子弹没缺一颗，来往于庙上村的共产党、八路军干部没有一个在这里被捕或遇难。村里老人还时常哼哼几句当年的歌曲：军粮一到位，腾出水缸和饭柜；热炕头，让给咱们八路睡；大树下，石洞里面去开会；吃奶的孩子山上喂，几家合盖一条被……

庙上村党支部作为怀柔最早建立的中国共产党支部，在极其残酷的形势下，充分发挥战斗堡垒作用，带领群众英勇斗争，在北平抗战史上写下了光辉一页。

（执笔：曹楠）

承兴密联合县政府旧址

承（德）兴（隆）密（云）联合县政府旧址位于北京市密云区太师屯镇大岭村，有5间坐北朝南的瓦房。旧址西侧建有二层楼展厅。展厅设有承兴密抗日斗争历史展、北庄地区抗日斗争史迹展，集中展示了承兴密联合县政府抗日斗争的光辉历程，以及抗战时期遗留下的纺车、煤油灯、油印机和日本军刀等50余件文物。1991年当地政府在旧址前立了一汉白玉石碑，2007年被列为北京市爱国主义教育基地。

承兴密联合县政府旧址

搭建起平北与冀东两地根据地的“桥梁”

抗日战争时期，共产党、八路军在密云、承德、兴隆三县接合部创建抗日根据地和抗日民主政权，历经多次调整变更，于1943年7月成立承兴密联合县政府。承兴密联合县政府广泛发动组织群众，巩固政权、扩军参战；积极配合八路军打击日寇、锄奸反特，在平北和冀东两块抗日根据地之间搭起一座桥梁。

大岭山区建立政权

1937年8月，毛泽东在中共中央洛川会议上提出“红军可出一部于敌后的冀东，以雾灵山为根据地进行游击战争”。1938年6月，为策应冀东大暴动，八路军第4纵队向冀东挺进，途经密云境内，转战于雾灵山区，先后建立了昌（平）滦（平）密（云）联合县、密（云）平（谷）蓟（县）联合县。冀东大暴动失败后，八路军第4纵队西撤，留下第3支队转战于密云东部山区。

雾灵山山脉沿线的承德、兴隆、密云三县相邻，战略地位非常重要，是兵家必争之地。大岭位于密云潮河东岸，属雾灵山支脉，周围群山绵延，地势险要，易守难攻，成为第3支队的后勤补给基地。在极端困难的条件下，第3支队以大岭为根据地，坚持了近3年的游击战争。中共密云河东地区区委等单位，也以大岭为中心开展游击战争。

1940年，中共冀东西部地分委决定，开辟蓟（县）平（谷）密（云）

抗日根据地。随后，以盘山和鱼子山[①]两块游击区为基础，建立了蓟（县）平（谷）密（云）联合县，主要活动在盘山一带。后扩建为两个联合县：南部为蓟（县）宝（坻）三（河）联合县；北部成立了平（谷）密（云）兴（隆）联合县，后改称为平（谷）三（河）密（云）联合县。

1942年底，盘山根据地被敌人摧毁，中共冀东西部地分委机关、第13团主力、《救国报》滦西分社等，先后转移到龙潭沟和大岭村一带。1943年7月，平三密联合县一分为二，北部地区在平密兴联合县三区基础上，扩建为承兴密联合县，县政府的常驻地为大岭村。

大岭村当时只有30多户人家，散居在大岭主峰下，政府工作人员经常居住、办公在半山腰的许文会家。许文会因给东家看山而迁居于此，他所居住的五间瓦房，在整个大岭村是独一无二的，当时被称为“瓦房子”。以大岭为中心的密云潮河东岸抗日根据地，由此成为中共冀东地分委机关和部队的主要活动区域。

搜集情报反特锄奸

承兴密联合县政府干部深入群众，宣传党的抗日主张，揭露敌人惨无人道的暴行，同群众吃住在一起，战斗在一起，根据地党政军民亲如一家。

大岭村党支部书记赵金良，觉悟高，对当地的地形熟悉，带领支部成员做好群众工作。敌人把房子烧了，他就对乡亲们说：“烧了旧的盖新的，烧了草房建瓦房。”敌人搞“强化治安”，封锁根据地，他幽默地说：“敌人是秋后的蚂蚱，蹦跶不了几天了！”通过广泛宣传，使乡亲们增强了坚持斗争、战胜困难的信心和决心。

大岭村村外10余里分布着敌人的多处据点。大岭村地处半山腰，有利于掌握日、伪军动向。承兴密联合县政府分设了几条情报线，保证不管敌人向哪里发动偷袭，都能得到准确情报。为了掌握附近镇上的敌人活动，先派人到该镇街中心以布铺为掩护搜集情报，而后交给来“赶集”的情报

① 鱼子山当时属密云，今属平谷。

员，“赶集人”再把情报送给庙里的和尚，由和尚直送大岭村。在日寇的北庄据点，村党支部把3个党员安排在伪村公所内，明着为敌人“服务”，暗中侦察敌情。同时，把敌据点附近的“天成号”布庄和南沟村一户党员家，作为情报联络点。

锄奸反特是联合县政府的一项重要工作。北庄村伪保长李慧，认贼作父，欺压百姓，破坏抗日，村民们恨之入骨。县政府命令北庄村党员和民兵，夜间趁其不备，就地镇压，为民除害，并贴出锄奸布告，有力地震慑了汉奸，鼓舞了群众。当时就流传着这样一首歌谣：“探囊取物一宵间，民愤难容万恶奸。天亮城门见布告，坏人害怕好人安。”

配合主力支援前线

当时，日伪在古北口外实行“集家并村”，建起“人圈”。为打破日伪对根据地的严密封锁，承兴密联合县政府组建了一支武工队，由王风春任队长。王风春率队经雾灵山到承德、兴隆方向开辟新区，武工队得以发展壮大，但他自己在战斗中献出了宝贵的生命！

晋察冀军区第13军分区（冀东）第13团特务连长孟昭信叛变投敌，八路军下决心要铲除这个可耻的叛徒。承兴密联合县政府积极支持，密切配合冀东第13团在葡萄园、斗子峪一带设伏，一举歼灭孟昭信所带领的日、伪军73人。

承兴密联合县政府还动员大批兵员和物资，支持主力部队作战，仅1944年7月就动员了569名青年参军。1944年和1945年，是密云河东地区武装力量大发展时期，主力第13团保持满员，为后来扩编为独立第13旅做了准备；新建第16团；组建承兴密支队、县大队、区小队，使根据地村村都有自卫军。主力部队、地方部队和自卫军“三位一体”的武装力量，相互配合打了不少胜仗。

1945年6月，抗日战争转入战略大反攻，以大岭为中心的密云潮河东岸抗日根据地，成为向承德进军的前进基地。在承兴密联合县政府、县大队和自卫军的密切配合下，八路军主力一举攻克兴隆县城，拔除25个敌人据点，歼灭大批日、伪军，并接收改编伪满洲国军1个团1000余人。

8月15日，日本宣布无条件投降。9月，苏联红军解放古北口，承兴密联合县县委书记李守善作为中共代表在古北口接受日军投降。承兴密联合县政府在北庄南河套召开大会，根据地军民载歌载舞，庆祝抗战胜利。

承兴密联合县政府虽然只存在近3年的时间，但它在艰苦卓绝的抗日岁月中，不辱使命，浴血奋战，书写了平郊抗战史上闪光的一页。

（执笔：贾变变）

重要事件旧址遗迹

北平学生南下抗日请愿会集处

北平学生南下抗日请愿会集处，即京奉铁路正阳门东车站（前门东站）旧址位于北京市东城区前门大街甲2号，始建于1903年，1906年建成并投入运行，1959年停用。车站整体为欧式风格，建筑面积约3500平方米，是清末至20世纪中叶北京最大的火车站。九一八事变爆发，日军侵占中国东北，国民党政府奉行不抵抗政策，北平广大爱国学生无比愤怒，他们会集于此奋力抗争，并发起南下抗日请愿运动。

20世纪60年代，车站先后被改造为铁道部科技馆、北京铁路文化宫；2001年，被列为北京市市级文物保护单位；2010年，被改造为中国铁道博物馆正阳门馆；2021年，被列入北京市第一批革命文物名录。

京奉铁路正阳门东车站旧址（现为中国铁道博物馆）

北平学生南下抗日请愿的历史印记

1931年12月，初冬的北平，朔风呼啸，寒气逼人。4000多名大中学生占领正阳门东站，3天3夜里，他们卧轨抗争，誓死南下请愿，要求国民党政府出兵抗日。在全国民众的大力声援下，满载着学生的列车终于从这里开出，驶向南京……

请愿队伍汇聚车站

九一八事变爆发后，东北大片国土沦丧。为反对日本帝国主义的侵略和国民党政府的不抵抗政策，中共北平市委领导广大青年学生罢课、游行、请愿，掀起抗日救亡运动高潮。

1931年9月24日，北平60余所大中学校学生代表，在北京大学二院集会，宣告成立北平学生抗日救国联合会，通过15项抗日议案。清华大学、燕京大学、北京大学等校部分学生，纷纷自发赴南京请愿示威，要求国民党政府出兵抗日。

面对日益高涨的请愿浪潮，国民党当局十分恐慌，多方加以阻挠。国民政府教育部电令北平市教育局及各校，要求“学生应遵照政府通令，安心求学，勿得纷纷来京请愿”。北平当局颁布了禁止学生南下请愿的通令，还下令解散北平学生抗日救国联合会。国民党当局的倒行逆施，犹如火上浇油，使爱国学生的怒火愈燃愈旺，一场规模更大的南下请愿示威运动爆发了！

12月4日下午，北平大学、辅仁大学、俄文法政学院、女子学院、铁道学院、盐务学校、农学院、河北省立第十七中学、大同中学等校学生，高呼口号，奔赴前门东站。

沿途群众看到学生队伍，有的招手示意，表示支持；有的眼含热泪，一起高呼口号。一位牵着小孙子手的老大娘大声喊道："你们做得对！为了孩子，也得把小日本打出中国去呀！"越来越多的学生会集到车站，傍晚时已达2000余人。

中共北平市委认为，学生大规模南下请愿，可能会与南京政府发生冲突，遭受损失；如果南下不成，又会挫伤学生的斗争热情，遂派出一些党团员前往车站，劝说学生不要南下，改为就地示威。聚集在车站的学生群情激愤，表示誓死也要到南京请愿。中共北平市委见此情形，及时调整工作方针，成立秘密党团，领导学生南下。

卧轨以死抗争

夜色渐浓，车站聚集的学生越来越多。为阻止学生南下，站方奉命停止售票，停开火车。中共北平市委组织各校代表找站长交涉，站长说不能马上答复，需请示上级。

夜越来越深了，迟迟得不到答复的学生们，蜂拥挤进站台，见车就上。站长只得出来制止，并劝学生不要南下。还解释说，张学良（时任国民政府军事委员会北平分会代理委员长）与铁道部刚刚下令，不许发车。

党团员代表紧急联系各校学生骨干召开会议，商讨对策，决定采取以下措施：一、进行卧轨斗争，以示学生南下决心不可动摇，不送学生去南京，火车就不能开动；二、各校学生轮流休息和吃饭，派出纠察队把守车站大门，保卫学生队伍；三、派出学生占领车站办公室、会客室、候车室及其他重要部门。

2000多名学生立即行动，很快就占领了车站各主要场所，铁轨上也黑压压地躺满了人。夜里寒风刺骨，却没有一个人退缩。

第二天，北平师范大学、中国学院、北平大学高中部、中国学院附中、艺文中学等大中学校学生，陆续云集车站，加入请愿队伍。下午4时，车站里的学生已逾4000人。在中共北平市委的指导下，成立了北平学生南下总指挥部，加强对请愿运动的统一领导。

卧轨斗争虽然给北平当局造成相当压力，但车站依然坚持不发车。为拖垮学生，北平路局竟然将前门东站的职工全部撤走，火车改在东便门、永定门、丰台等站进出。了解情况后，南下总指挥部迅速做出调整，一方面继续与车站交涉，一方面组织各校派出部分学生分赴上述各站卧轨，并用轧道车往来传递消息。至此，北平铁路交通完全陷入瘫痪。

学生的爱国行动，得到北平各阶层群众的同情和支持，越来越多的市民赶到车站，送来饼干、罐头和开水。瑞蚨祥等商号更是送来成捆的新毛毯，供卧轨学生们御寒之用。

为尽快乘车前往南京，南下总指挥部决定组织学生向张学良请愿。6日下午，1000多名学生列队来到张学良住宅门前，大声质问：我们请愿出兵抗日，你作为东北军的军事长官，为什么不下令开车？你这样做，对得起东北父老和全国同胞吗？张学良出面解释说：我是奉政府的命令，暂不出兵东北，也不能下令开车送你们南下。迫于学生压力，张学良答应向南京政府请示，并劝大家先回去等候消息。

南下请愿成行

面对双方相持不下的局面，学生们对下一步的行动产生分歧。为了迫使当局下令开车，有的主张继续谈判，有的则提出砸烧车站。

党团员代表一方面努力说服学生不要采取过激行动，另一方面积极想办法开动火车。他们找来铁道学院的学生，然而这些学生只懂得机械原理，却不会开火车。他们又提出到铁路工人中去争取援助，得到大家拥护。学生们立即组成3个小组，分别到长辛店、丰台和前门一带进行动员。铁路工人非常同情学生们的爱国行动，很快，信号工、扳道工、司机、锅炉工、挂钩工等一整套人马聚齐了。

7日，南京政府复电张学良，让他对北平卧轨学生“就近妥为办理”，张学良遂下令发车。上午11时，载着数千名南下学生的火车，从前门东站徐徐开出。途中，国民党当局设置重重阻碍。车到天津时，车站上的工作人员已被全部撤走，他们又用威胁手段赶走了火车上的工人，企图使火车不能继续南下。

这时的学生已经有了经验，很快动员来了一批天津铁路工人，火车只停留四五个小时，就又开动了。工人们说：“你们放心，谁也撵不走我们！”

学生们一路高呼着抗日口号，唱着救亡歌曲南下了。这时沿线其他列车都已停运，津浦线成了南下学生的“专线”。10日凌晨，列车抵达南京下关车站，一场更加艰巨残酷的斗争在等待着他们。

15日，在南京，北平学生与全国其他地区学生一道先后到南京政府、外交部、国民党中央党部门前，高呼“对日宣战”“保护民众抗日运动”等口号，要求面见蒋介石，遭到反动军警镇压。为抗议国民党当局的野蛮暴行，17日，3万余名学生愤怒地捣毁了中央日报社，示威活动再一次遭到镇压，30多名学生死亡，100多人受伤，100多人被捕。18日拂晓，国民党武装士兵强行将北平“示威团”的学生架上汽车，武装押至下关车站，送回北平。南下示威运动在敌人残酷镇压下失败了。

北平学生的南下抗日请愿运动，有力地揭露了国民党政府“攘外必先安内”的反动政策，宣传了共产党的抗日主张，鼓舞了全国人民的爱国热情。

（执笔：李昌海）

海燕社活动旧址

海燕社活动旧址位于景山公园万春亭内，万春亭与周赏亭、富览亭、观妙亭和辑芳亭对称而置，共称为景山五亭。1943年暑假期间，北平河北高中、师大女附中、女三中等校进步学生，经常在万春亭内讨论时事，畅谈抗日救国之志，并在此成立海燕社，成员最多时达120余人。从1943年冬起，成员陆续进入晋察冀抗日根据地，经培训先后被派回北平从事党的地下工作。1945年2月底，海燕社停止活动。

景山公园万春亭

从海燕社出发走向革命

“在苍茫的大海上，狂风卷集着乌云。在乌云和大海之间，海燕像黑色的闪电，在高傲地飞翔。”1943年夏末，景山公园万春亭内，一群青少年学生激情澎湃，大声朗读着高尔基的散文诗。日伪的黑暗统治，让许多进步学生为应该选择怎样的生活、选择怎样的人生道路而苦苦求索。受高尔基《海燕》一文的影响，他们成立社团，取名海燕社，梦想成为搏击长空的海燕，冲破黑暗，奔向理想的未来。

从萤火到海燕

日寇铁蹄下的北平，阴云密布，水深火热，广大学生也倍感屈辱。北师附小的学生董葆和经常邀请同学陈厚钧、关毓敏、王永厚等一起读书学习、交流心得。董葆和的父亲董鲁安是燕京大学的进步教授，参加过五四运动，因为经常抨击日伪统治，掩护进步青年，一度被软禁2个月。他的哥哥董葆先也是一二·九运动的积极分子，后到西南联合大学做地下工作。董葆和受家庭影响，思想活跃，升入燕大附中后，与同学们成立秘密读书会，取名萤火社。

董葆和家藏书丰富，其中不乏《中国革命与中国共产党》、登载《中国共产党抗日救国十大纲领》的《解放》等进步书刊。他经常和陈厚钧等萤火社成员，躲在父亲的书斋如饥似渴地阅读。董鲁安思想进步，对于孩子们的行为不仅不加干涉，甚至将抗日根据地的一些宣传品拆散，夹藏在书页中让他们阅读。

萤火社还编辑了手抄本杂志，刊载《〈卖火柴的小女孩〉读后感》《纪念五一劳动节》等文章。陈厚钧升入市立三中后，在学校定期张贴《萤火》壁报，因有抗日内容被日籍教师训斥，被迫停止。

1943年6月，董葆和投奔晋察冀抗日根据地，萤火社的活动随之停止。暑假时，陈厚钧约上关毓敏、王永厚等同学一同到万春亭内聚会。他们既是小学同学，又同为萤火社骨干成员，大家都认为虽然萤火社停止了活动，但还是应该再成立一个社团，团结同学、探索真理、寻求光明。因为欣赏海燕搏击风浪、冲破黑暗的勇敢精神，决定将社团定名为海燕社。为避免活动引起日伪当局的注意，确定宗旨为："联络感情，增长知识。"

展翅欲飞

1943年10月，海燕社社刊创刊，封面印着雄劲有力的"海燕"两个大字。发刊词开头写道："我们纯粹是为了求知""根本无谓主张，而且我们根本没有资格谈什么主张"。但结尾处却大声疾呼："没有热情的爱好，忠实的信仰，勇敢的精神，生命是不会长久的。"首篇文章，是高尔基的《海燕》。

为了筹集经费，同学们变卖旧书废纸，捐出零用钱。为使刊物顺利出版，他们还经常夜以继日地工作，有的约稿组稿、编辑校对；有的描画插图、题花补白；有的刻写蜡版、印刷装订……渴了饿了，就喝几口凉水，啃两口馒头。《海燕》观点鲜明、文风新颖、形式活泼，体现了青年们对理想社会的向往，在学生中起到了"团结一致，共同进步"的作用，产生了很好的影响。

随着刊物发行范围越来越广，影响力也越来越大，同学们纷纷要求加入。海燕社社员最多时达120余人，分布在北平20余所大中院校。10月下旬，海燕社召开社员大会。王厚文为海燕社创作了社歌："遥望蔚蓝无边的大海，天空挂满如锦的云霞。我愿变作一只海燕，振翼飞至你的身边……再见吧，北平，从此天涯常相忆，明春群燕北飞时，再来重聚。"社歌表达了青年们愿做海燕，冲破黑暗，告别北平，飞向抗日根据地，投入共产党怀抱的美好追求。

海燕社的同学们，经常在万春亭等场所或校园的角落里开展读书活动。

从1943年冬到1944年上半年，海燕社组织开展了多次以学习马克思主义和无产阶级文学为主题的读书活动。大家不仅学习讨论《共产党宣言》《反杜林论》《费尔巴哈与德国古典哲学的终结》《资本论》《帝国主义论》等马列著作，还精读艾思奇的《大众哲学》以及鲁迅、瞿秋白、茅盾、巴金、高尔基、托尔斯泰等进步作家的作品。

通过读书，海燕社社员的思想大都取得了飞跃式的进步。河北高中学生李孟北，原是虔诚的基督教徒，每个星期日都要去教堂。读过马列书籍后，他的思想发生根本变化，把枕头下边的英文版《圣经》，换成英文版的《资本论》。

除读书外，海燕社还以郊游、聚会等形式开展活动。11月，曾组织约30人到香山、玉泉山，在幽静的山林中讨论国家和民族的前途命运；1944年4月，20多人到西山八大处登山，在李孟北的倡议下，全体向延安方向致敬，祝愿抗战早日胜利！归来时天色已晚，大家登上运煤的大卡车，高唱《毕业歌》《义勇军进行曲》等。一次，十几个人又在颐和园十七孔桥附近相聚，热烈讨论时局，夕阳西下还意犹未尽，直至闭园，他们无法出去，只好躲进荒芜的龙王庙，燃起一堆篝火，度过了一个不眠之夜。

群燕归巢

海燕社的活动受到了中共北平地下组织的关注，最早与海燕社联系的是地下党员甘英。她和关毓敏是师大女附中的校友，比关毓敏高一个年级。一次，甘英找到关毓敏叙旧，聊着聊着突然说："董葆和问你好！"董葆和当时已经到了根据地，听到这里，关毓敏先是愣了一下，但马上就明白了，甘英是根据地来的人，随之会心一笑。之后，海燕社一有情况，关毓敏就主动向甘英汇报，甘英也会进行相应的指导，帮助分析问题，并提醒同学们在活动中要注意隐蔽、保证安全。此后，甘英有意识地参加海燕社的活动，并逐级向上汇报。海燕社自此成为地下党培养和争取青年的阵地。

海燕社的活动也引起了敌人的警觉，《海燕》出版8期后被勒令停刊。1944年5月，甘英回到根据地，向晋察冀分局城工部负责人刘仁汇报了海燕社的情况。刘仁决定立即派人前往北平，将主要社员分批接出。6月到11月，在中共地下党的安排下，王永厚、王勉思、关毓敏、李孟北、何迎、周尚玲、陈厚钧等人，陆续通过敌人封锁线到达晋察冀边区政府所在地河北省阜平县。到达根据地后，同学们纷纷改名，关毓敏改为许植，王永厚改为王纪刚，陈厚钧改为冷林。新的名字宛若新生，此后他们一直沿用这些化名。

年底，海燕社约20名积极分子参加了晋察冀分局城工部举办的训练班，其间陆续入党。到1945年2月底学习结束时，除1人留在华北联大外，其他成员陆续被派回北平做地下工作。

海燕社由学生自发成立的社团，逐渐发展为党的外围组织，社员大部分走上革命道路。主要社员冷林回到北平后任北京大学地下党学生支部书记；许植来到根据地后，先后在华北大学政治班、华北联大学习；其他同学从根据地回到北平后一边继续上学一边投身到抗日战争的滚滚洪流中。

春去秋来，游人如织。如今，修葺一新的万春亭，不仅还在默默诉说着那段青春勃发的历史，更见证着新中国的诞生和新时代中华民族的崛起。

（执笔：常颖）

第十一战区受降地

故宫太和殿前广场是故宫内最大的广场，面积达3万平方米。明清时期，这里是皇帝举行大典的重要场所。1945年10月10日，中国第十一战区在这里举行受降仪式，接受华北地区日军向中国投降。太和殿广场和10余万中国军民共同见证了这一历史时刻。

故宫太和殿

故宫太和殿广场受降始末

天高云淡，秋风送爽。抗战胜利后的1945年10月10日，北平故宫太和殿前广场上，旌旗猎猎，人头攒动，中国第十一战区接受华北日军投降仪式正在这里举行。

义正词严

1945年8月15日，日本宣布无条件投降。听到这一消息的北平市民，欢呼雀跃，奔走相告。“日本投降了！”“我们胜利啦！”“中国万岁！”“中华民族万岁！”的口号声响彻云霄。这一夜，北平沸腾了，广大市民提灯上街，敲锣打鼓，燃放鞭炮，游行庆祝。

国民政府军事委员会委员长蒋介石电令第十一战区司令长官孙连仲为华北受降主官。陆军总司令何应钦电告孙连仲，指定北平为受降地点，在中南海怀仁堂举行受降仪式。接电后，孙连仲立即任命第十一战区副参谋长兼作战处处长吕文贞为北平前进指挥所主任，军务处处长刘本厚为参谋主任，前往北平与日军商谈受降事宜。

9月9日，吕文贞一行从西安飞到北平，降落在西苑机场。他走下飞机，踏上这块熟悉的土地，禁不住鼻子一酸、眼圈一红，暗暗感叹：“八年了，我们终于回来了！”

日本华北方面军参谋长高桥坦前来迎接。他趋步向前，伸手欲与吕文贞握手，吕文贞睥睨地看了他一眼，没有伸手。这个下马威，让高桥坦倒吸了一口凉气。简单交流之后，吕文贞准备进城，高桥坦立刻起身，走到他自己的车前，拉开车门，请吕文贞上车。吕文贞又没有理会，径直上了中国航空先遣办事处的小车，并插上国旗，直奔市区，向下榻的北京饭店驶去。

路上，吕文贞了解了不少情况：战败的日军，在城里开始贩卖枪支，一些“死硬派”和日本浪人还蓄意闹事，故意破坏仓库和武器装备。

第二天上午，吕文贞在北京饭店4楼413房间，召见日本华北方面军司令官根本博中将。吕文贞严肃地指出：目前，北平社会治安状况令人担忧。在中方受降部队进驻前，仍由日军维持。他还告知日方，孙连仲司令长官作为中方受降主官，将于10月10日来北平办理日军投降事宜。根本博连连点头，表示将对华北地区的安全负绝对责任，并指定高桥坦作为全权代表与十一战区前进指挥所进行联络。

吕文贞最后对根本博说：“胜利者对能悔改的失败者之宽恕，为人类最高道德。我中国是有伟大文化的民族，我政府对日军及日侨必依国际公法，使日本军民有安全的保障，决不报复。”根本博始终微笑着听吕文贞的训话，可当他听到这段话时，却把眼睛闭上了。

12日，吕文贞在定阜大街迎宾馆（今定阜街庆王府）第十一战区北平前进指挥所，召见日军代表高桥坦前来商谈。他郑重要求：按照孙连仲司令长官命令，日方代表在受降仪式上不准戴佩刀、勋章和勋表。高桥坦请求将受降书做成三份，一份为正本，两份为副本，日文为正本。吕文贞义正词严地说：“三份可以，但是应以中文为正本。”当晚，日方托说客找吕文贞说：“日军很爱面子，可否照顾一下，受降仪式上日军可以戴佩刀、勋章和勋表。”吕文贞断然拒绝。

22日，吕文贞再次召见高桥坦，明确要求日军缴械顺序为先内地后沿海，并表示缴械后日军的粮食供应问题，由第十一战区负责。

让更多的民众享受胜利的喜悦

10月6日上午，经蒋介石批准，美国海军陆战队第三军团司令洛基中将，于天津美军司令部大楼（今天津市承德道12号）前广场，主持受降仪式。吕文贞代表孙连仲前往参加。日军第118师团师团长内田银之助，代表日军在投降书上签字。内田银之助等6名日军军官交出佩刀这一细节，引起吕文贞的注意。他觉得，这种安排更能显示作为胜利者的威严。

吕文贞回到北平后，第一时间找到刘本厚，详谈了天津受降细节和观感，郑重地说：“原定的室内受降计划要改变。美军公开受降，我们也要公开受降，改室内为露天，让更多的民众参与，享受胜利的尊严和喜悦。”刘本厚很是赞同。那么改在什么地方呢？他们认为离怀仁堂最近的故宫最为合适。于是，便驱车直奔故宫考察。

他们的第一个念头，是“午门受降”。清朝康熙和雍正皇帝，都曾经登上午门，举行受降仪式，同时迎接将士凯旋。他们来到午门，认为地方太小，门前平地上，后边看不到前边，不太理想。于是，他们向宫内走去，到了太和殿广场，吕文贞眼前一亮：好大的广场，能容纳几万人。吕文贞扭头问刘本厚：“这个地方怎么样？”刘本厚点点头说：“再好不过了！”经报请上级批准，将受降仪式改在太和殿前广场举行。

吕文贞根据天津美军受降情况，提出了北平受降规模和程序，并向刘本厚做具体介绍，安排其负责布置现场。这时离受降日仅有3天时间，刘本厚按照要求，带领几名参谋加班加点，两天之内将受降现场和程序全部准备就绪。

8日，孙连仲从河南新乡到达北平，第92军也由汉口开抵北平，全面从日军手中接管北平防务。

万众见证荣光时刻

10月10日，北平的早晨格外晴朗，金碧辉煌的太和殿显得更加威严。民众怀着激动的心情，早早从四面八方涌到天安门，向着受降地点赶去。

9时20分，第十一战区特务团200名官兵在民众欢呼声中，迈着坚实有力的步伐走向受降台，分列玉墀两边，担任警卫工作。其中，60名卫兵荷枪实弹，以防意外发生。

此刻，灿烂的阳光把太和殿顶上的金色琉璃瓦照耀得熠熠生辉。汉白玉栏杆上插满了中、苏、美、英、法五国国旗。在“凯”字彩屏前面，设置了受降时签字的长案和文具。

孙连仲和北平市市长熊斌及其他军政要员步入会场，立于西侧；苏联代表巴斯里克耶夫、美国代表洛基、英国代表蓝莱纳和法国代表马至礼等外宾，站在东侧。国民政府国防部部长白崇禧到场监督。

10时10分，煤山（即景山）顶上的汽笛长鸣，受降仪式正式开始。会场上礼炮齐鸣，军乐队奏乐，全体肃穆，为在中国抗日战争暨世界反法西斯战争中牺牲的烈士默哀；参加受降仪式的日方代表个个低头鞠躬，向中国和世界人民谢罪。

身着上将军服的孙连仲站在受降台上，主持受降仪式。司仪发出命令："引导日本投降代表入场！"全场立刻寂静无声。日本华北方面军司令官根本博中将、参谋长高桥坦中将及副参谋长渡边渡少将等21人，由第十一战区中校军官褚光引导，通过太和门的左旁门入场。他们俯首低眉来到受降台前，依次立正向中国受降主官孙连仲行礼，礼毕一一退至左侧恭立。

随后，司仪宣布"日本投降代表根本博签字"。根本博来到台前，于三份降书上签字盖章，以九十度鞠躬礼将降书递到一名中国军官手中，退回原位。司仪接着宣布"中国受降主官签字"。孙连仲双手戴白手套，左手轻松搭于案上，右手执笔在"受降主官"栏签上自己的名字。此时，雄壮的军乐再次奏响，回荡在太和殿广场上空。

司仪高声宣布："日本投降人员献刀！"在众目睽睽之下，根本博等21名日军将领，依次将他们沾满中国人民鲜血的军刀置于受降台上，退出会场。

受降仪式结束后，乐队高奏凯歌，全场军民欢声雷动。金色砖瓦、红色围墙、汉白玉栏杆和欢呼的人群，构成一幅雄浑的历史画卷。

北平是全民族抗战开始的地方，故宫太和殿前广场上短短15分钟的受降仪式，将永远成为中华民族战胜外侮的高光时刻！

（执笔：王鹏）

北京师范大学一二·九纪念碑

北京师范大学一二·九纪念碑位于该校教七楼东侧、图书馆西侧，由碑身和碑座组成，通高1.9米。碑身正面，上方横刻“时代先声”，下面竖刻碑名和碑文，碑文记述了北平师范大学爱国师生参加一二·九运动的英勇事迹。纪念碑建于1992年，原立于北京师范大学图书馆前一二·九运动纪念亭中，2005年12月被迁至现址。

北京师范大学一二·九纪念碑

勇立潮头　时代先声

华北事变后，日军在北平的活动更加猖獗，日机低空飞掠北平上空，坦克部队穿城举行演习，日本浪人街头横行霸道。目睹这一切的北平师范大学学生，深感中华民族已处于生死存亡的危急关头。他们发扬五四爱国传统，再次组织起来，冲破重重阻碍，踊跃参加示威游行、南下宣传团，大踏步走在抗日救亡运动前列，向中华民族发出了“停止内战，一致对外”的时代先声。

八一宣言进校园

“同胞们起来！为祖国生命而战！为民族生存而战！为国家独立而战！”1935年深秋的一天早上，北平师范大学学生起床后，就在公共盥洗室发现了写有这些字样的传单。传单上印的是《中国苏维埃政府、中国共产党中央为抗日救国告全体同胞书》(即《八一宣言》)。宣言指出，“今当我亡国灭种大祸迫在眉睫之时，……大家都应当停止内战，以便集中一切国力（人力、物力、财力、武力等）去为抗日救国的神圣事业而奋斗”。

同学们认为宣言说出了自己的心里话，纷纷争相传阅，由此加深了对中国共产党的了解和认识。于刚、杨黎原等人，决定立即行动起来，组织恢复九一八事变后一度被学校解散的学生自治会。

11月18日，北平市学生联合会成立。师大学生自治会也加快了筹建步伐。学校当局禁止学生集会结社，筹建工作不能大张旗鼓地进行。如果参与人数太少，学生自治会就不具代表性，不能发挥应有作用。为此，于刚等人做了大量艰苦细致的工作。他们首先找来同学名录，根据各自表现进行分类标记，先联络进步学生，再动员中间分子和难争取学生，最后签名参加自治会的学生超过半数。

师大各班代表联席会议于12月3日在教理学院召开，推选筹委会7人，负责起草学生自治会章程及开展筹备工作。几天后，师大以各班代表联合会名义，与清华大学、燕京大学、河北法商学院等校学生自治会联合发布《平津十五个大中学校宣言》。宣言针对日本扶植殷汝耕成立伪“冀东防共自治委员会”，变相攫取我国领土与主权的阴谋，要求政府誓死反对“防共自治”，下令讨伐叛逆殷汝耕，动员全国一致抗日。

不久，有消息称国民党当局为满足日本“华北特殊化”要求，计划于近期在北平成立以宋哲元为委员长的冀察政务委员会。看到又一个“自治”组织即将成立，师大的学生愤怒了：绝不能坐视华北沦为第二个东北。

12月8日，北平学联在燕京大学体育馆召开各校代表大会，决定于12月9日举行请愿游行。当晚，师大学生自治会筹委会召开会议，部署次日活动分工，并商定教理学院、文学院各自从南新华街和石驸马大街出发，前往新华门集合。

街头抗争遭镇压

12月9日，北平大中学校学生纷纷走上街头，高呼“反对日本帝国主义”“停止内战，一致对外”等口号，到新华门请愿，一二·九运动爆发。由于拿着请愿书的清华大学学生被军警阻拦在西直门外，无法进城。于是，大家推选师大于刚、高锦明等为学生代表，进新华门请愿。

学生代表由于事先没有准备请愿书，只好临时商议拟写出请愿要求。他们从笔记本上撕下几张纸，边议边写，共拟了6条，包括反对“华北自治”，反对秘密外交，要求“停止内战，一致对外”等。但请愿没有得到当局回应，学生们便开始示威游行。游行队伍经西单、西四、北海、沙滩、王府井，前往报纸上公布的冀察政务委员会成立地外交大楼。

一路上，师大学生高举“北平师范大学爱国请愿团”的横标，向沿街民众散发传单，宣讲抗日救国的道理，得到积极响应。游行队伍到达王府井时，人数增至3000多人。突然，大批军警用水龙向游行队伍喷射，并挥舞棍棒、枪托、皮鞭进行袭击，造成30多名学生被捕，数百名学生受伤。

国民党当局的倒行逆施，激起广大爱国学生的无比愤慨。师大学生返校后，当晚在文学院餐厅召开各班代表大会，研究讨论全体罢课事宜。为此，师大成立了学生自治会，推选于刚为执行委员会主席，杨黎原、陈德明、江明等人为执行委员会委员。12月14日，师大学生自治会发表《师大学生宣言》，指出北平各校学生请愿示威，“本出于纯洁的爱国热忱”，但遭到“军警之驱逐逮捕与进击”。他们“深信覆巢之下，绝无完卵，亡国残（惨）祸迫在眉睫”，决定举行全体罢课，并提出三点主张：“反对任何变相的脱离中央的‘自治组织’”；“唤起全国民众，严厉督促政府立即出兵讨逆并对日宣战”；“要求政府绝对允许人民的爱国运动自由”。

很快，又传来国民党当局对日妥协退让的半自治组织冀察政务委员会将于12月16日成立的消息，北平学联便把这天定为第二次示威游行的日子。12月16日，各校学生冲破军警阻拦，到天桥召开市民大会，反对“华北自治”，与会者3万余人。会后，游行队伍奔向前门，因城门紧闭无法进城，便陆续聚集在前门火车站广场。学生代表们一边与军警交涉，一边宣布召开第二次市民大会。会上，师大学生杨黎原站在自行车上发表演讲。他强调，我们的行动代表着真正的民意，所谓“华北自治”完全是日本帝国主义企图侵占华北而制造的阴谋，我们必须行动起来奋力抗争。

军警为分散游行队伍，只允许少数学生从前门进城，而让其他学生从宣武门进城。师大学生被一分为二，除少部分从前门入城外，大部分被迫转道宣武门。傍晚时分，游行队伍到达宣武门，而军警却拒不开门，城内外的队伍被宣武门隔开，激昂的口号声交相呼应、响彻云霄。不久，宣武门内的游行队伍遭军警镇压驱散，宣武门外的游行队伍一直坚持与军警斗争到深夜。当天，20多名学生被逮捕，300多人被打伤。

以师大、清华等校为代表的学生爱国行动，在国内外引起巨大反响，得到社会各界的广泛声援，冀察政务委员会被迫延期成立。

南下宣传播火种

然而，冀察政务委员会仅仅延期了两天，就于12月18日宣告正式成立。国民党当局为防止学生再度“滋事”，便宣布提前放寒假，还下令各学校派学生代表赴南京，聆听蒋介石训话，即所谓赴京“聆训”。中共北平市委和北平学联商议后，决定动员各校师生进行抵制，并组织平津学生南下，深入华北农村，广泛开展抗日救亡宣传。

1936年1月，平津学生南下扩大宣传团成立，大中学生500多人参加。宣传团设有总指挥部和党团，中国大学学生董毓华任总指挥，师大学生江明、东北大学学生宋黎任副总指挥，辅仁大学学生彭涛任党团书记。宣传团分4个团南下：北平城内大中学校学生组成第一团、第二团，走中路，沿丰台、大兴南下；北平西郊清华、燕京大学等校学生组成第三团，走西路，沿平汉铁路南下；天津的大中学校学生组成第四团，沿北宁铁路北上，到安次后转而南下。

1月3日傍晚，师大学生所在的二团，随总指挥部一道南下。途中，同学们张贴标语、散发传单、唱救亡歌曲、演抗日短剧、召开群众大会，逐村开展宣讲和调查，号召民众积极抗日、不当亡国奴。8日，二团到达预定集合点固安，与一团、三团、四团胜利会师，并商定再次分头南下。21日，一团、二团在保定城内会合，随即遭大批军警围困，并被“礼送”回北平。

师大学生被押送回校后，便衣警察要求学校打“收条”。快到春节了，传达室只留有一位老工友。他接过“收条”一看，上面写着“今接收到×××等×××名，此据。签名盖章。年月日”。老工友在姓名处认真填上“爱国犯”，又在签名处写上“钟国仁”。两位便衣警察接过后看都不看，就回去交差了。

平津学生在南下宣传过程中，广泛宣传和发动群众，撒下抗日救亡的种子。2月1日，南下扩大宣传团在师大召开代表大会，成立民族解放先锋队，设总队部统一领导，师大学生高锦明任总队长。民族解放先锋队后更名为中华民族解放先锋队，组织和队员遍布国内外，为夺取抗战胜利输送了大批骨干人才。

80多年过去了。如今，当人们来到北京师范大学一二·九纪念碑前，仿佛还能听到当年爱国学生“反对日本帝国主义”“停止内战，一致对外”的怒吼，激励着人们接续奋斗，为实现中华民族伟大复兴中国梦扬帆远航！

（执笔：黄迎风）

黑山扈战斗纪念园

黑山扈战斗纪念园位于北京市海淀区百望山森林公园园区天摩沟腹地。1991年7月，曾参加过黑山扈战斗的部分在京老战士，为纪念英勇牺牲的战友，倡议修建了黑山扈战斗纪念碑。2015年，中国人民抗日战争暨世界反法西斯战争胜利70周年之际，市园林绿化局碑林管理处在天摩沟兴建黑山扈战斗纪念园。纪念园占地面积600多平方米，由纪念碑、浮雕墙及雕塑3部分组成。青石质地的纪念碑上镌刻着杨成武将军题写的“黑山扈战斗纪念”7个大字，浮雕墙及雕塑生动地再现了当年激烈的战斗场面。

黑山扈战斗纪念园

震慑敌胆的黑山扈战斗

“武工一队令名标，破垒拔钉势若潮，黎明却忘包公黑，胜利无铭项羽骄。白刃有殇悲壮烈，黑山吃堑泣英豪，厉兵秣马锋安折，点线碉楼一片消。”老战士刘晓春的《吃堑黑山下》这首诗，生动描述了1937年国民抗日军在黑山扈与日军激战的场景。黑山扈战斗是在日本侵略者占领北平后，由共产党领导的国民抗日军第一次同日军作战并且取得胜利的重要战斗，沉重打击了日军的嚣张气焰，鼓舞了抗战军民的士气，在北平抗战史上书写了浓墨重彩的一笔。

奇袭监狱　旗开得胜

1937年，流亡北平的东北抗日义勇军成员赵侗[①]、高鹏、纪亭榭等人，秘密筹划建立抗日武装。卢沟桥事变后，他们在中共中央北方局所属东北工作特别委员会（简称东特）支持下，加紧了武装起义准备工作。他们用东北救亡总会的捐款购买枪支，并通过关系结识了昌平白羊城村人、保卫团团总汤万宁，共同组织抗日队伍。

7月22日，在白羊城村关帝庙前空地上，赵侗正式宣布成立抗日军，举行武装起义。25日，国民党第29军驻南口部队接到柏峪口大地主张孝先密报，污称抗日军为“土匪汉奸队”，于是包围抗日军并发动攻击，抗日军遭受重创。东特获悉后，先后派出一批共产党员、民先队员和进步青年加入

① 赵侗，即赵同。1932年参加义勇军学生队，1934年2月任中国少年铁血军参谋长。全面抗战爆发后，先后任国民抗日军司令、八路军晋察冀军区第5（民族）支队司令。1938年7月叛逃。

抗日军，一个月后发展到70多人。

抗日军第一次战斗行动，是袭击位于北平德胜门外的河北省第二监狱。这里关押着数百名“犯人”，其中有几十名共产党员和进步的“政治犯”。日军占领北平后，还没有来得及派兵接管第二监狱，仍由北平警察看守。抗日军决定奇袭劫狱，营救同志，夺取枪支，壮大队伍。8月22日傍晚，抗日军成员吴静宇化装成日军，诈开狱门，70余名队员迅速破坏警报器，割断电话线，缴获全部狱警枪支，解救出党员群众五六百人。奇袭第二监狱，是抗日军发起的第一次有影响的军事行动。

奇袭第二监狱成功的消息，极大鼓舞了北平人民的斗争热忱，城里的学生、市民，乡下的贫苦农民，踊跃参加抗日军，国民革命军第29军的部分官兵和“伪冀东保安队”士兵也纷纷加入，抗日军队伍很快壮大到1000多人。

9月5日，抗日军在北平西北郊区三星庄村（今海淀区苏家坨庄）召开全体军人大会，正式成立“国民抗日军”，赵侗任司令员，通过“全军约法”，选举军政委员会，建立了3个总队。会上，国民抗日军还向全体战士颁发了红、蓝两色袖标。红色在上表示战斗，蓝色在下代表祖国河山，意思是用战斗打败侵略者，恢复祖国大好河山。

痛击日寇　创造奇迹

黑山扈依山傍水，往后有退守之山谷，往前可镇守山下之要道，是北平城去温泉、阳坊、南口的交通要道。

9月7日，国民抗日军情报人员侦察得知，黑山扈法国教堂内藏有枪支。这对于弹药缺乏、装备落后的国民抗日军来说，无疑是个大好消息，于是开赴教堂武装夺取。

教堂距红山口（今青龙桥一带）、厢红旗日军据点仅数里和十余里。日军得知黑山扈有游击队活动，遂派兵占据黑山扈靠近公路西北面的一个山头，向国民抗日军发起攻击。国民抗日军迅速撤出教堂，兵分三队进入林区，占领山顶制高点，准备抗击日军：一总队阻击敌人；二总队抢占东南面山头，向红山口方向警戒和阻击敌人援军；三总队为预备队。

负责阻击敌人的一总队，面对日军2个中队和2架飞机的攻击，凭借步枪加机枪这类轻武器，奋勇抵抗，击败日军多次进攻。日军进攻受阻，死伤数人，不敢贸然前行，只得据守山头，连倒在阵地前的日军尸体也不敢运走。战士刘柏松自告奋勇去取敌人枪支，他独自接近日军阵地，在战友们的掩护下，顺山沟爬到日军尸体旁，拿到枪支并解下子弹盒，迅速爬回阵地，这是国民抗日军缴获的第一支三八式步枪。

为打破对峙局面，二总队队长杜雄飞带领队员，从山脚包抄日军后路，突然发起攻击。日军在两面夹击下，一面回头应战，一面急速转移，国民抗日军攻到敌人占据山头时，日军已撤到另一山头。正在此时，从北平方向飞来的侦察机呼啸着掠过山头。日机欺负国民抗日军无高射武器，飞得很低，往来盘旋，不断侦察。日军的举动激怒了战士苏家顺，当飞机再次俯冲飞过战士头顶时，他举起机枪嗒嗒嗒一梭子扫出去，接着上百条枪一齐指向飞机开火。飞机被击中后，栽歪着翅膀扎入清河镇西边的农田，冒起滚滚浓烟。

战斗持续两个小时后，日军增派大队援军。二总队首先发现日军几辆卡车从红山口向北驶来，同时又有三架飞机袭来。日军卡车开到黑山扈山脚下时，二总队立即猛烈射击。国民抗日军指挥部见敌军众多，火力过强，死守硬拼会吃亏，立即决定撤退。转移过程中，杜雄飞等人不幸被敌弹击中，壮烈牺牲。

接受改编　威名远播

黑山扈战斗是国民抗日军第一次与日军正面交锋，严重挫败了日军的侵略气焰，鼓舞了北平地区人民的抗战士气。尽管国民党军队在正面战场相继撤离，但沦陷后的北平周围却依然炮火轰鸣。

10月下旬，国民抗日军从昌平一带开至宛平县斋堂、清水一带，继续开展游击战争。11月9日，八路军晋察冀军区第1军分区司令员杨成武、政委邓华与国民抗日军取得联络，八路军总司令朱德、副总司令彭德怀派人给国民抗日军将士带来一封署名信，赞扬他们英勇作战，打击日寇的功绩，并邀约国民抗日军迅速南下，与八路军会合，共商抗日大计。不久，国民抗日军开至晋察冀军区司令部所在地阜平，改编为八路军晋察冀军区第5支队，下辖3个总队9个大队，并重返平西一带，开辟抗日根据地。

国民抗日军英勇杀敌的事迹迅速传开，国内报纸争相报道，共产党人吴玉章还在法国巴黎《救国时报》发表文章，盛赞国民抗日军“义声所播，民气大振”，是“北平近郊抗日的中心力量”。

（执笔：方东杰）

一二·九运动纪念地

一二·九运动纪念地位于北京国家植物园樱桃沟内，主要由抗战石刻、一二·九运动纪念亭和纪念雕塑等构成。“保卫华北”“收复失地”石刻，为1936年民族解放先锋队队员所刻，反映了青年学子奋起抗争、保卫家园的不屈斗志。一二·九运动纪念亭建于1985年12月，包括3座呈“众”字形排列的亭子，均为白色三棱锥体。“众”字形排列，代表中华民族众志成城、抵御外侮的坚强决心；白色三棱锥体，象征民族解放先锋队军事夏令营的露营帐篷；3座亭子的12个尖，有9个尖着地，寓意一二·九运动。《不平静的书桌》《与历史对话》等纪念雕塑建于2012年，展现了爱国学生用生命与热血抗争的历史画面。一二·九运动纪念地于2012年被命名为北京市爱国主义教育基地。

“保卫华北”石刻

樱桃沟畔的红色印记

1980年夏的一天，北京植物园的工人正在樱桃沟清除杂草，突然一块特别的石头映入眼帘，清除上面的杂草和泥土后，“保卫华北”四个大字清晰可见。当时，曾参加过一二·九运动的北京市委常委、宣传部部长刘导生，正在植物园视察，经他反复辨认，确定这是当年北平学生在此举办“抗日救国军事夏令营”时留下的。几年后，另一块刻有“收复失地”的石头，也在附近被发现。这两块石刻，把人们的思绪带回那段峥嵘的岁月。

民族解放先锋队应运而生

一二·九运动爆发后，平津两地学生500余人组成南下扩大宣传团，于1936年1月初出发，历时3周，徒步700余里，最终到达保定，沿途播下了抗日救亡的火种。南下途中，北平学生开始酝酿组建一个抗日救国团体。

2月1日，民族解放先锋队（简称民先）成立大会在北平师范大学召开，组成人员均为参加南下扩大宣传团的学生。民先的宗旨是“反对日本帝国主义，追求中华民族解放”，领导机关为总队部，首任总队长为北平师范大学学生高锦明。

民先成立后，积极响应中国共产党提出的建立抗日民族统一战线的号召，发布《民族解放先锋队宣言》，指出中华民族的危机已经到了最后关头，首要任务是“揭破汉奸及其走狗的阴谋并打击其种种阴谋的破坏手段”“联合一切抗日反帝力量，无党无派，在抗日救亡的旗帜下，一致团结起来”，并提出“动员全国武力，驱逐日本帝国主义出境”等8条斗争纲领。

民先于5月17日召开第一次代表大会，确定两大工作任务：一是促进抗日民族统一战线的建立；二是加强队员的政治学习与军事训练。根据斗争形势的需要，民先不再采用游行示威或罢课等斗争方式，改而组织军事夏令营、集体行军和“春游”等活动，吸引了更多的爱国学生参与抗日救亡斗争。建队之初，民先设有5个区队，共有队员300余人。不到半年时间，民先发展为9个区队，队员达1200余名。

军事夏令营留下抗战石刻

7月10日，民先联合北平学联在香山樱桃沟举办第一期“抗日救国军事夏令营”，清华大学、燕京大学、北平师范大学等学校的民先队员160多人参加。队员们在山坡下扎起营帐，在溪水边支起柴锅，还在退谷亭围上雨布，吊起马灯，设立夏令营司令部。樱桃沟北部有块巨大的山石，因形似元宝而得名元宝石。元宝石前，有一小片开阔地，是夏令营的中心营地。

“嗒——嗒——嘀——嗒——”每天黎明时分，担任司号员的北京大学学生陆平，都要翻过元宝石，攀上沟西边陡峭的石壁，吹响嘹亮的起床号，唤醒睡梦中的队员。

白天，队员们分成“敌”我两队，登上樱桃沟的北山，展开激烈的攻防战、伏击战、遭遇战、游击战等课目训练。晚上，还要进行紧急集合、急行军、“抓舌头”等演练。杨秀峰、黄松龄等大学教授和军事教官还经常以山石为讲台，分析抗日斗争形势，讲解战略战术。队员们围坐四周，静静聆听，细心体会。

训练余暇，队员们热烈交谈红军北上抗日的消息、爱国志士的抗日救亡壮举，有时还演唱抗日救亡歌曲，自编自演抗战节目，抨击国民党当局“攘外必先安内”的反动政策。他们就着溪水洗漱，靠着大树吃饭，躺在地上小憩，虽然生活非常简单，但内心十分充实。

一天中午，北大学生陆平隐约听到不远处传来阵阵凿石声。他循着声音，来到樱桃沟水源头附近一探究竟，看到清华大学学生赵德尊，正猫着腰在一块大石头上凿字，青石上一个“保”字呼之欲出。陆平上前询问：“你在刻什么?”“保卫华北!”“太好了！我来帮忙。”他们相互倒换着工具，一起完成石刻。“保卫华北”每个字宽六七寸，呈“十”字形排列。后来，不知谁又在附近一块长形岩石上，横着刻下“收复失地”4个大字。“保卫华北”和“收复失地”两个石刻，成为北平爱国学生时代怒吼的红色印记。

像这样的军事夏令营在这里先后举办了3期，对青年学生强健体魄、磨炼意志、学习攻防战术发挥了重要作用，为他们参加即将到来的新的抗日斗争提供了有利条件。

《放下你的鞭子》演遍城乡

1937年清明节前后，香山樱桃沟一改往日的宁静，迎来一大群特殊的客人。他们是北平大中学校的学生和民先队员，共有3000多人，在北平学联和民先的组织下，乘坐大卡车来这里“春游”。北平当局为防止学生“滋事”，提前在香山派驻大批军警。同学们下车后，纷纷以学校为单位，组织唱歌、赏花、游戏等活动。

春游队伍中，有几个人却无暇游玩，他们受北平学联和民先的安排，准备表演街头剧《放下你的鞭子》，宣传抗日救亡。剧中，上海剧作者协会左翼戏剧家崔嵬扮演卖艺老汉，北平国立艺术专科学校学生、民先队员张瑞芳，扮演卖艺老汉的女儿香姐，还有两位清华大学学生扮演观众。他们向附近的老乡借来几身旧衣服，还从卖艺人那里租来一副锣鼓担。

乔装打扮后，身穿旧棉袍、头戴秃毡帽的卖艺老汉和一身旧短袄配花布裤的香姐，在锣鼓声中出场了。同学和老乡们逐渐围拢过来。

香姐先唱了一曲《凤阳花鼓》，扮演观众的学生带头叫好。接着香姐又唱《九一八小调》：“高粱叶子青又青，九月十八来了日本兵！先占火药库，后占北大营。杀人放火真是凶！……”

香姐越唱越伤心，看上去又累又饿，逐渐底气不足、声音微弱，观众开始喝倒彩。卖艺老汉急忙上前打圆场，让香姐改练武术。锣鼓声中，香姐强打起精神拉开架势，踢腿、劈叉、翻跟头，一阵比画，可没过多久就坚持不住，摔倒在地。靠卖艺为生的老汉气急败坏，抽出腰间的鞭子，就要打香姐。

此时，扮演观众的学生大声怒喝："住手！放下你的鞭子！"只见他迅速冲进场内，夺下鞭子，并把老人推倒在地。老汉不服地喊道："她是我买来的，你管不着！"两人相互争辩。情急之下，那个学生气得要拿鞭子抽打老汉，香姐连忙上前挡住鞭子，哭喊道："不要打呀，他是我爹……"全场惊呆了。

扮演观众的另一个学生问道："亲爹为什么要打自己的闺女？"于是，香姐边哭边诉："九一八后，我们东北叫鬼子占领了，生活可凄惨哪！没办法，只好逃亡到关内来。我们有家不能回，没有饭吃，只能四处流浪……"趴在地上的老汉也忍不住啜泣。一时间，全场鸦雀无声。沉默片刻之后，人群中突然有人带头高呼："打倒日本帝国主义！""打回老家去！"顿时，群情激愤，口号声此起彼伏，在山谷中久久回荡。

这部抗日街头剧通过揭露九一八事变后，东北人民在日本侵略者残暴统治下的悲惨遭遇，使观众由衷感到必须团结抗日才有出路。全剧采用街头卖艺的形式演出，演员与观众打成一片，让人受到强烈冲击和感染。抗日战争时期，《放下你的鞭子》广受欢迎，极大鼓舞了人民群众的抗日斗志，也激励着一批又一批的民先队员走向华北及其他敌后战场。

据《新华日报》统计，仅1937年9月至1938年8月，经民先介绍到抗日根据地的青年就有7000多人。正如当时华北流传的一句话，"哪里有游击队，哪里就有民先"。

光阴荏苒，斗转星移。如今，"保卫华北""收复失地"石刻、一二·九运动纪念亭和《不平静的书桌》纪念雕塑，静静地守望在樱桃沟的溪流之侧，似乎在提醒人们，不要忘记中华民族那段奋起抗争的岁月。

（执笔：黄迎风）

卢沟桥、宛平城

卢沟桥和宛平城位于北京市丰台区西南。卢沟桥横跨永定河，始建于1189年，是北京现存最古老的连拱石桥；宛平城地处卢沟桥东侧，始建于1638年，明清时称拱北城、拱极城，民国时改名宛平城。1937年7月7日，日本军队在卢沟桥一带举行演习，以丢失士兵为借口，炮轰宛平城。中国军队奋起抵抗，打响了全民族抗战第一枪。

新中国成立后，卢沟桥和宛平城先后被列为第一批国家重点文物保护单位，第一批国家级抗战纪念设施、遗址，全国爱国主义教育基地，以及北京市第一批不可移动革命文物。

卢沟桥

宛平城城墙

点燃全民族抗战的烽火

1937年7月7日，日本军队在卢沟桥一带举行演习，以丢失士兵为借口，炮轰宛平城，中国军队奋起反击，史称卢沟桥事变，亦称七七事变。中华民族全民族抗战的序幕由此拉开。如今，古老的卢沟桥和宛平城仍在诉说着那段刻骨铭心的历史。

日军挑起事端

九一八事变后，日本迅速占领中国东北，又将魔爪伸向华北，先后侵占热河、察哈尔、河北等地，对北平形成三面夹击之势。1936年夏，日军向华北大举增兵，9月日本华北驻屯军河边正三旅团第1联队强占北平西南门户丰台镇，严重威胁中国驻军，加剧了华北的紧张局势。

卢沟桥是进出北平的咽喉要道。日军深知“卢沟桥之得失，北平之存亡系之；北平之得失，华北之存亡系之；而西北，陇海线乃至长江流域，亦莫不受其威胁也”[①]。为夺取北平，日军对卢沟桥和宛平城的中国驻军的挑衅日益频繁。1937年6月，日本中国驻屯军紧急成立临时作战课，并以攻夺宛平城为目标，不分昼夜地进行演习。面对日军随时可能发动战争的紧急局面，驻守北平的中国军队严密警戒，密切监视日军行动，一面向日军提出抗议，一面以实弹演习相对抗。第29军把在卢沟桥一带的兵力增加到1400人，由37师219团3营重点防守平汉铁路桥和回龙庙一带。

7月6日，风雨交加。日军驻丰台部队又以卢沟桥为目标，在铁路桥东

① 东北图存出版社编辑:《卢沟桥血战纪录》，东北图存出版社1937年版，第7页。

北回龙庙前举行进攻演习，到宛平城东门外，要求通过宛平城到长辛店一带演习，被中国驻军严词拒绝。双方对峙十几个小时，直至天色渐晚，日军才怏怏退去。7日上午，日军又到卢沟桥以北地区演习。第110旅旅长何基沣立即将情况向保定的第37师师长冯治安报告。冯治安火速返回北平。下午，日军驻丰台部队在中队长清水节郎的带领下进至卢沟桥西北龙王庙附近，声称要举行夜间演习。7时30分，日军夜间演习开始，近600人的部队投入行动。10时40分，宛平城东北方向突然响起枪声。少顷，几名日军来到宛平城下，声称丢失一名士兵，要求进城搜查，被守城官兵拒绝。

面对日军的威胁，何基沣命令部队：不准日军进城；如日军武力侵犯则坚决回击；我军守土有责，决不退让。放弃阵地，军法从事。要求第219团密切监视日军行动，并命令全体官兵“如日军挑衅，一定要坚决回击”。3营官兵连日来目睹日军的频繁演习，早已愤慨万分，摩拳擦掌，一致表示：誓死抵抗，愿与卢沟桥共存亡。

中国军队奋起抵抗

7月7日24时许，日本驻北平特务机关长松井太久郎再次要求进入宛平县城搜索丢失士兵，并称如不允许将诉诸武力。中方断然拒绝日方这一无理要求。得知“失踪”士兵并未丢失已经归队后，日军仍提出“城内中国驻军必须向西门撤退，日军进至城内再进行谈判”的无理要求，随即调兵遣将准备扩大战争。中国第29军司令部发出“确保卢沟桥和宛平城”的要求，命令前线官兵“卢沟桥即尔等之坟墓，应与桥共存亡，不得后退”。

8日凌晨天刚破晓，日军一木清直率部向回龙庙和铁路桥扑来，仍借口搜寻“失踪士兵”，遭到沈忠明排长严词拒绝，日军突然开枪射击，双方展开混战，沈忠明在肉搏中壮烈牺牲。战友的牺牲激怒了守桥士兵，两个排在李毅岑排长的指挥下，不畏强敌，英勇战斗，用大刀砍、枪刺扎，同日军展开了厮杀，几乎全部牺牲。日军占领回龙庙和铁路桥东头，并用大炮轰击宛平城，城内居民伤亡惨重，营指挥部被炸毁，219团团长吉星文受伤。

入夜12时，吉星文带伤率领由150人组成的敢死队，每人携带枪支、手榴弹和大刀，如猛虎下山，从两面杀入日军阵地。一时间，枪声、手榴弹声、喊杀声连成一片，日军被打得蒙头转向。3营营长金振中在战斗中腿部负重伤，仍继续冲锋陷阵。11日，中国军队收复桥头堡失地，完全恢复永定河东岸的态势。中国军人表现出“宁为战死鬼，不做亡国奴”的大无畏英雄气概，使侵略者为之胆寒。日军不得不停止进攻，退出阵地。

11日晚，宋哲元从山东乐陵老家返抵天津，次日发表谈话，认为卢沟桥事变系局部冲突，希望尽快得到“合法合理”的解决，表示愿意接受日方提出的道歉、惩凶、撤军等苛刻要求。日本新任中国驻屯军司令官香月清司，一面继续以缓兵之计迷惑宋哲元，一面暗中加紧兵力部署，制订作战方案。到16日，完成包围平津的战略部署，兵力达10万之众。

面对日军的步步紧逼，25日，宋哲元下令停止中日谈判，并开始布置备战工作。26日，松井代表香月清司发出最后通牒，要求29军全部撤出平津地区，遭宋哲元断然拒绝。副军长佟麟阁在全军干部会议上慷慨陈词："日寇进犯，我军首当其冲。战死者光荣，偷生者耻辱。国家多难，军人应该马革裹尸，以死报国！"

28日晨，日军出动飞机数十架，掩护机械化部队，以南苑为主要目标发动全线进攻。29军副军长佟麟阁、132师师长赵登禹在战斗中壮烈殉国。29日，第29军撤离北平，卢沟桥守军也同时撤出，北平沦陷。

全民族抗战局面形成

卢沟桥事变的枪炮声警醒了全中国人民。事变爆发第二天，中国共产党中央委员会发出《中共中央为日军进攻卢沟桥通电》指出："全中国同胞们！平津危急！华北危急！中华民族危急！只有全民族实行抗战，才是我们的出路！"号召全国同胞和军队团结起来，"建筑民族统一战线的坚固长城，抵抗日寇的侵掠！""驱逐日寇出中国！"[①]

同日，中共中央书记处就卢沟桥事变后华北工作的方针向北方局下达

① 《中共中央文件选集》第10册，中共中央党校出版社1985年版，第277—278页。

指示，要求动员全体爱国军队、全体爱国国民，抵抗日本帝国主义的进攻，在各地用宣言、传单、标语及群众会议，进行宣传与组织的动员。中共北平地下组织遵照中共中央指示精神，一方面做好应急准备，另一方面组织北平各界抗敌后援会，发动群众团体开展救亡工作，先后组织募捐团、慰劳团、看护队、宣传队、战地服务团，开展广泛的支援抗战活动。北平人民轰轰烈烈的抗日救亡运动振奋了全国人民，各地各界群众纷纷动员和组织起来，支援29军抗战。

在全国抗日救亡运动不断高涨和共产党倡议国共合作抗战的推动下，蒋介石于7月17日在庐山发表谈话说："如果战端一开，那就是地无分南北，年无分老幼，无论何人，皆有守土抗战之责任，皆应抱定牺牲一切之决心。"但他当时还没有完全放弃与日媾和的幻想，仍希望把事变限制在"地方事件"范围内。国民政府外交部于7月19日向日本使馆提议，中日双方停止军事行动，将部队撤回原地，然后由外交途径解决。这一提议遭到日本外务省拒绝。8月13日，日军又把战火烧到上海。次日，国民政府发表声明，宣称："中国为日本无止境之侵略所逼迫，兹已不得不实行自卫，抵抗暴力。"

9月22日，国民党中央通讯社发表《中共中央为公布国共合作宣言》。23日，蒋介石发表实际上承认中国共产党合法地位的谈话。宣言和蒋介石谈话的发表，宣告了中国抗日民族统一战线的形成，受到全国各族人民、各民主党派、各爱国军队、各阶层爱国民主人士的欢迎和支持。毛泽东对此给予高度评价："这在中国革命史上开辟了一个新纪元。这将给予中国革命以广大的深刻的影响，将对于打倒日本帝国主义发生决定的作用。"①

岁月虽然渐行渐远，但卢沟桥和宛平城墙上的累累弹痕仍然清晰可见，它昭示国人：铭记历史，缅怀先烈，珍爱和平，开创未来。

（执笔：乔克）

① 《毛泽东选集》第2卷，人民出版社1991年版，第364页。

《没有共产党就没有新中国》歌曲诞生地

《没有共产党就没有新中国》歌曲诞生地位于北京市房山区霞云岭乡堂上村中堂庙内。抗日战争时期，这座庙用作村里的小学校，被日军烧了三次，仍屹立不倒。1943年秋，曹火星就在这里创作了这首红色经典歌曲。

2001年，在中国共产党成立80周年之际，中堂庙旧址纪念雕塑落成。雕塑通高5米，由基座和地球、旗帜两部分组成。2006年，《没有共产党就没有新中国》纪念馆在堂上村落成开馆，占地面积6000平方米。2011年，新建大型党旗广场、《没有共产党就没有新中国》歌曲标志柱。其中，960平方米的党旗，成为整个纪念馆景区的主题象征。2021年，“人民的心声　历史的旋律”主题展在纪念馆隆重开幕。这里已成为北京市廉政教育基地、全国红色旅游经典景区和全国爱国主义教育示范基地。

曹火星创作《没有共产党就没有新中国》时的堂上村中堂庙东屋土炕

从霞云岭唱响的经典革命歌曲

“没有共产党就没有新中国，没有共产党就没有新中国。共产党辛劳为民族，共产党一心救中国……”这首脍炙人口的革命经典歌曲，就诞生在平西的一个小山村——堂上村。这首歌曲立时代之潮头，发时代之先声，唱出了中国人民的心声。如今，《没有共产党就没有新中国》歌曲的诞生地，已经成为北京红色地标之一。

抗日烽火中的灵感

《没有共产党就没有新中国》词曲的作者曹火星，原名曹峙。1938年，年仅14岁的曹峙已经是晋察冀边区抗日救国联合会铁血剧团（后来改称群众剧社）的团员。当时，为表达与日寇血战到底的决心，剧社里掀起一股改名热。曹峙思来想去，决定取“星星之火，可以燎原”之意，改名曹火星。

1943年初，斯大林格勒保卫战取得胜利，世界反法西斯战争形势发生根本转变。在东方反法西斯主战场上，中国共产党领导的敌后抗日根据地影响越来越大。消极抗日的国民党顽固派蓄意破坏抗日民族统一战线，多次进犯陕甘宁边区。3月，蒋介石发表由陶希圣为他代笔的小册子《中国之命运》，宣称“没有国民党，那就是没有了中国”，诬蔑中国共产党及其领导的八路军、新四军是“变相军阀”，扬言要在两年内解决内政问题，取缔中国共产党和抗日民主力量。国民党顽固派的倒行逆施，激起了中国民主力量的强烈愤慨。

中共中央机关报《解放日报》发表《没有共产党就没有中国》的社论，进行针锋相对的驳斥，鲜明地指出共产党及其领导的八路军、新四军才是中国抗战的中流砥柱。

抗日烽火的考验，经历华北联大的进修学习，让曹火星在思想上、艺术上迅速成长起来。为了反“扫荡”，群众剧社化整为零，深入群众。1943年秋，19岁的曹火星和战友来到平西抗日根据地的堂上村宣传抗日思想。当时，他已经是群众剧社音乐组的组长。

堂上村四面环山，村西头的山脚下有个中堂庙，坐北朝南，抗战时期改作村里的小学校。曹火星和战友到了村里后就宿营在中堂庙的东屋。平日，他一边书写抗日标语，组织村里的文艺宣传队唱歌、排戏，一边搞创作。他创作的歌曲，曲调明快，具有鲜明的民歌风格，深受群众欢迎。

目睹国民党消极抗日的大量事实，曹火星心中充满了怒火，决定写一首歌颂共产党领导人民抗日救国的歌曲，来驳斥和反击国民党的谬论。他说:“我要唱共产党的好，要让老百姓都知道。”

油灯下唱出的心声

秋夜，曹火星披衣坐在土炕上，凝视着跳动的油灯，思绪驰骋。他想到抗日根据地的广大人民在共产党领导下，克服种种困难坚持抗战的感人事迹；他想到刚刚学习过的《解放日报》社论，深深地认识到只有共产党才能引导灾难深重的中华民族走向光明……

曹火星灵光一现，满怀激情地在纸上写下了第一句:“没有共产党就没有中国。”创作的激情喷薄而出，胸中如千军万马奔腾不息，一幅幅画面化作歌词，跃然笔端，倾泻而出:“没有共产党就没有中国，没有共产党就没有中国。共产党辛劳为民族，共产党他一心救中国……他坚持抗战六年多，他改善了人民生活。他建设了敌后根据地，他实行了民主好处多……”

接连几天，曹火星一有空就坐在炕沿上，一边哼唱，一边写写画画。经过反复修改，歌曲《没有共产党就没有中国》终于诞生了。

曹火星对这首歌的结构做了精心安排，歌曲的首尾呼应，一系列的排比句做了有层次的排列，从平心静气的叙述到连珠炮式的短垛句，好似扳着指头列举事实，给人以理直气壮、毋庸置疑之感，把旋律推向高潮。

歌曲写好了，用什么形式演唱呢？当时，“霸王鞭”这种民间艺术在平西一带很流行。曹火星与战友们，先是召集村里的儿童团团员，用“霸王鞭”的形式教唱，然后再由村剧团演唱。由于歌词简单、节奏简练，朗朗上口，很快在堂上村和周围村庄流传开来。就这样，嘹亮的歌声经常在霞云岭一带回荡……

经久不衰的红色旋律

1943年10月底，群众剧社回到晋察冀边区政府所在地阜平，正值边区举办县级干部学习班。涞水县的一位干部拿走了歌曲文稿，并第一次油印成歌片在县里传唱。后来，曹火星又在河北易县举办的1000多人参加的干部学习班上教唱。这首歌就像长了翅膀一样，从地方到部队，从晋察冀边区到其他抗日根据地，渐渐传唱开来。

随着时间的推移，这首歌的歌词曾多次发生变化。1943年歌词中的“坚持抗战六年多”，1944年群众将其改成“坚持抗战七年多”，1945年又改成“坚持抗战八年多”。《没有共产党就没有中国》的传唱，始终伴随着人民军队前进的步伐，伴随着民族解放的嘹亮号角。中国共产党领导中国人民赢得了抗日战争、解放战争的胜利。

新中国成立后，这首歌也传到了毛泽东主席的耳中，他亲自在歌名中加了一个“新”字[①]。这画龙点睛之笔，使《没有共产党就没有新中国》这首歌曲更加贴合史实，更加鲜明响亮。

2021年6月18日，以建党百年来的革命歌曲为主题的“人民的心声　历史的旋律”展览，在“没有共产党就没有新中国纪念馆”开幕，重点展示了70多首经典歌曲、80余个党史故事。展览用“党的创建和大革命洪流中的歌声”“土地革命风暴中的歌声”“为全民族抗战呐喊的歌声”“循着解放战

① 出自逄先知1989年所著《毛泽东和他的秘书田家英》，中央文献出版社，1989年12月。一说是1949年天津解放前夕，中宣部下发通知提出《没有共产党就没有中国》歌名不妥，曹火星与剧社的同志们商量后修改；一说是章乃器在东北视察工作时听到这首歌，向中央提议加个“新”字，被中央接受。

争进程的歌声”，串起革命历史和精神谱系，唤起红色记忆。岁月流逝，经典永恒。《没有共产党就没有新中国》谱出了真理的旋律，写出了历史的选择，唱出了人民的心声。正如歌曲创作者曹火星所说：“我讲了真理，说了真话，写了实情，反映了群众的心声。因为说了人民的心里话，才得到人民的喜爱。”

堂上村这个普通的小山村，因诞生《没有共产党就没有新中国》这首红色经典而闻名全国，成为著名的红色打卡地。

（执笔：王雅珊）

伪冀东保安队起义地

伪冀东保安队起义地位于北京市通州区永顺镇岳庄。原为通县北关吕祖祠，坐北朝南，三进院落，为当地祭祀道教丹鼎派祖师吕洞宾所建。1937年7月28日，驻扎在通县的伪冀东保安队起义反正，投入抗日阵营，城外指挥部设在吕祖祠内。保安队捣毁伪冀东防共自治政府，活捉汉奸殷汝耕，攻陷日本特务机关，炮轰日军兵营，沉重打击了日伪在冀东的反动统治。新中国成立后吕祖祠被拆除，后在原址兴建通州区永顺小学。

伪冀东保安队起义城外指挥部遗址（现通州区永顺小学）

震慑日伪的伪冀东保安队起义

1935年，日本帝国主义发动“华北事变”，企图直接控制华北。继“秦土协定”“何梅协定”后，11月下旬，日本扶植汉奸殷汝耕在通县成立伪冀东防共自治政府，控制冀东22县，并将原河北保安队改编为伪冀东保安队，作为其统治工具。卢沟桥事变后，中国军队与日军激战于平津，张庆余、张砚田毅然率伪冀东保安队官兵起义，沉重打击了日伪在通县的反动统治。

从河北保安队到“冀东保安队”

1933年5月，日本借中国军队长城抗战失利之机，迫使国民党政府签订《塘沽协定》，冀东大片国土被划为“非武装区”，中国军队不能驻扎。河北省主席于学忠无奈以省政府名义组建5支特种警察部队，每队5000余人，开赴冀东各地，维持地方治安。

这支队伍不仅人数多、分驻面积广，而且队员大部分来自原东北军，训练有素，武器精良，战斗力强，其中第一总队队长张庆余、第二总队队长张砚田都是原东北军于学忠部下的爱国将士，因此很受国民党当局重视。于学忠曾密令两队长:“好好训练军队，以待后命。”

1935年7月，商震担任河北省政府主席后，将特种警察部队改称河北保安队。这年11月24日，在日本帝国主义策动下，国民党政府河北滦（县）榆（关）、蓟（县）密（云）行政督察专员殷汝耕，发表“自治”宣言，并于次日在通县宣布成立“冀东防共自治委员会”，一个月后改称“冀东防共自治政府”，辖冀东22县。

这是继伪满洲国之后的又一个傀儡政权，殷汝耕与日本侵略者狼狈为奸，进行种种出卖民族利益的罪恶活动。军事上，与日本及伪满洲国、伪蒙疆政权先后订立同盟，商定冀东海防由日本舰队负责；冀东接近东北的长城沿线，由伪满政权负责;冀东与伪蒙边境防务由双方共同负责，致使冀东大片国土实际上沦入日寇之手。经济上，纵容日本对冀东的资源掠夺，长芦盐、开滦煤等各类物资大量被运往日本，对日本的商品和鸦片只征收象征性的进口税，使得日货源源不断由冀东流入内地，很快摧毁了华北的关税壁垒。他还成立“冀东银行”，自行印制货币，禁止流通国民党政府的法币。

文化上，配合日本侵略者大肆推行奴化教育，强迫各中小学及师范学校的学生学日语，篡改历史和地理教材，鼓吹所谓“中日亲善”，妄图泯灭中国人的民族意识和反抗精神。

殷汝耕积极扩大其反动营垒，将河北保安队改称“冀东保安队”，归伪政权统辖。几经整编，伪冀东保安队下辖4个保安总队和1个教导总队，共1万余人。张庆余、张砚田仍分别任第一、第二总队队长，带队分驻通县和抚宁。

“岂肯甘作异族鹰犬”

伪冀东保安队队员们背负国仇家恨，抗日情绪浓厚，对日军和汉奸殷汝耕的残暴统治恨之入骨，不仅发生过百余人的哗变，还经常与日本人发生冲突。

被伪政权接收后，张庆余和张砚田不甘附逆，密派信使赴保定，向商震请示铲除汉奸殷汝耕和抗击日寇事宜。商震嘱其目前不宜与殷汝耕决裂，暂时虚与委蛇。两人又秘赴天津晋见冀察政务委员会委员长宋哲元，表达抗日意愿。宋哲元对他们的爱国志向充分肯定，希望他们坚定立场，加强部队训练，做好准备工作，并赠予每人1万元经费。

卢沟桥事变爆发后，张庆余立即派心腹向河北省政府主席冯治安请示机宜。冯治安让他瞅准时机在通县起义，并分兵侧击丰台，对日军实施前后夹击。经与29军参谋长张樾亭联系，他们的部队被秘密编入29军战斗序列，随时准备策应29军作战而发动起义。

当时，日军特务机关长细木繁为预防29军进攻通县，召集张庆余和张砚田商讨防守事宜。张庆余和张砚田为了集中力量，为起义做准备，他们趁机建议，将散驻各处的保安队集中到通县待命，可攻可守。细木繁觉得有理，采纳了建议。

张庆余和张砚田暗中部署起义，得到广大爱国官兵的拥护，伪冀东保安处处长刘宗纪对张庆余说："我也是中国人，岂肯甘作异族鹰犬?"[①]表示将追随左右，以襄义举。

7月27日凌晨，日军向29军驻通县1个营发动攻击，并要求保安队全力配合，但保安队只是对空鸣枪，虚张声势，日军甚为不满。当日9时，日军12架飞机掠过通县旧城南门外教导总队营地，投下几枚炸弹，导致10余人伤亡。事后，细木繁称这次轰炸是"误会"，是因电报把新城南门误拍为旧城南门导致。这次轰炸事件，暴露了日军对保安队的怀疑。

择机高举起义大旗

7月27日，通县日军警备队主力与炮兵部队奉命向北平南苑进发，通县城内兵力相对空虚。

28日，日军第20师团一部、日本中国驻屯军河边正三旅团、炮兵联队2个大队和航空兵一部大举进犯南苑，并派飞机轰炸北平。张庆余认为时机已到，不容坐失，遂与张砚田等进行商议，决定当夜起义，城外指挥部设在北关吕祖祠。参加起义的队伍为第一、第二总队部分官兵和教导总队。

当夜12时，起义官兵在张庆余指挥下封锁通县各个城门，断绝城内交通，占领电信局和无线电台，向全国发出起义通电，兵分三路向伪政府机关、日本特务机关和西仓日本兵营发起进攻。

张砚田率兵一路，迅速包围冀东伪政府长官公署，逮捕了殷汝耕，将

① 张庆余:《我率保安队起义的经过》,《烽火通州》，中央文献出版社2006年版，第237页。

其押回指挥部。另一路进攻日本特务机关，细木繁听闻枪声四起，感觉情况有变，便率数十名特务垂死挣扎。起义部队迅速攻占特务机关，击毙细木繁，全歼日本特务。

第三路由张庆余亲自带队，攻打日军西仓兵营。这里有日军、宪兵、特警等约500人。起义军分别从东、南、西北三个方向同时发起进攻。日军凭借装备精良，工事坚固，死守抵抗，战斗持续6个小时。张庆余见久攻不下，起义队伍死伤严重，担心日军援兵来到，形成内外夹击，形势更为不利，于是下令集中炮火轰击。炮弹击中日方机动车队，引爆车上军火，子弹炮弹四散横飞，17辆汽车全部被毁。炮弹还引燃了兵营附近的燃料库，一时间大火熊熊，黑烟冲天，日军阵脚大乱。起义军乘势攻击，日军除少部分逃亡外，其余均被歼灭。

29日下午4时，日军10余架飞机前来轰炸，起义军没有防空装备，仅以机枪回击，难以坚持，形势转为不利。张庆余决定放弃通县撤往北平，投奔29军。深夜，起义军到达北平城北，得知29军已撤离，于是向长辛店、保定一带撤退。队伍行进到北苑和西直门附近时，遭日军关东军铃木旅团一部围攻，官兵们浴血奋战，腹背受敌，教导总队长沈维干、区队长张含明带队突围，相继牺牲，殷汝耕趁乱逃脱。危急之下，张庆余下令分头突围，经门头沟奔保定集合。到达保定时，队伍只剩4000余人。流散于北平地区的部分起义官兵，后来加入中国共产党领导的国民抗日军，融入抗日洪流。

伪冀东保安队起义，给通县日军及其傀儡政权以沉重打击，殷汝耕被迫“引咎辞职”，伪冀东防共自治政府也随即迁出通县。这次起义还引发了连锁反应，驻顺义、天津、大沽、塘沽等地的保安队也纷纷效仿举起义旗，大大提振了平津地区军民的抗日士气。

（执笔：刘慧）

南口战役旧址

南口战役旧址位于北京市昌平区南口镇，包括四条山沟、一线长城，以及其他重要地方。四条山沟是指南口—居庸关、白羊城—镇边城—水头村—十八家—榆林堡、苏林口—羊圈子、德胜口—延庆的山沟；一线长城是指昌平、延庆、张家口地区的长城防御线；其他重要地方有怀来县老县城、横岭城小庙、居庸关指挥部、雕鹗堡指挥部、郭磊庄车站和青龙桥火车站等。1937年8月8日至26日，中国军队在南口一带与装备精良的日军浴血奋战，以惨重的代价打击了日军嚣张气焰，粉碎了日本“三个月灭亡中国”的狂妄计划，促进了抗日民族统一战线形成。2007年南口战役旧址纪念碑在南口公园内落成，2017年入选北京市10处精选抗战遗址地点名录。

南口战役旧址

打破日军“三月灭华”的神话

“南口自昔天下雄，紧傍雄关名居庸。一夫当关万难敌，一木塞路路难通。”这首《南口残敌歌》[①]以寥寥数笔写尽南口之雄险奇绝。这里在全民族抗战初期是中国军队抗击日寇的重要战场，见证了中日军队在华北战场第一次大规模正面交锋。抗日将士在这里浴血奋战、英勇杀敌，谱写了一出英雄壮剧。

顽强阻敌

卢沟桥事变后，日军相继占领平津，接着沿津浦、平汉、平绥三条铁路线扩大侵略。日军沿平绥铁路西进，妄图解除平津侧背威胁，切断中苏联络线，占领山西，控制华北，进而在三个月内灭亡中国。面对日寇的嚣张气焰，国民党政府由不抵抗政策被迫转变为主动防御，在平绥铁路方面，组织了著名的南口战役。

南口位于北平西北的燕山与太行山交会处，作为居庸关长城要隘，是北平通向大西北的门户，素有“绥察之前门、平津之后户、华北之咽喉、冀西之心腹”之称。

1937年7月底，日军派出7万余人，配备飞机、坦克、大炮等重型装备，由日本华北方面军司令官寺内寿一担任总指挥，向北平以北的沙河、昌平一带集结，扬言“三日内攻下南口”。

大兵压境之下，国民政府军事委员会委员长蒋介石紧急任命绥远省主

① 作者为民国文人易君左。

席傅作义为第7集团军总司令，察哈尔省主席刘汝明为副总司令，第13军军长汤恩伯为前敌总指挥，集结兵力6万余人，迅速抢防南口。

汤恩伯军于8月5日开抵南口后，即在南口、德胜口、虎峪村一带部署防御。8日晨，日军出动上千名步骑兵，用10多门大炮攻击德胜口，南口战役打响。

9日起，日军对南口一线阵地进行试探性进攻，11日展开正式进攻。其主力猛攻南口镇，另以坂田支队向南口西侧的长城沿线助攻，并以一部在德胜口佯攻。12日拂晓，日军增兵5000余人，出动飞机30多架、野炮60门、重型坦克车60多辆，攻击南口、虎峪村、德胜口、苏林口一带阵地。中国守军凭借有利地形，打退其五六次进攻。经过激战，日军于13日攻占南口镇，但在向前推进时，受到中国守军更加顽强的抗击。

作战中，尤以龙虎台争夺战最为激烈。当时中国守军很少有人见过坦克，看到这个庞然大物喷着火舌，凶猛无比，枪弹射击不伤皮毛，甚至用山炮轰击也不起作用，遂称之为“铁怪”。第89师529团团长罗芳珪见阵地将被攻破，于是带领官兵拼死阻击，下令“即使剩下一兵一卒也决不后退”。他挑选精兵，分成两批，一批带集束手榴弹或炸药包，滚身接近坦克，炸毁履带；另一批趁机攀上坦克顶部，用手枪向瞭望孔内射击或掀开铁盖子，将手榴弹塞进“铁怪”中……官兵们用血肉之躯与“铁怪”搏斗，硬是打掉6辆坦克，先后6次夺回龙虎台阵地，3连百余名官兵几乎全部殉国。529团经南口之战一举成名，成为抗战初期的“四大名团”[①]之一。

慷慨赴死

与此同时，汤恩伯令第13军4师一部在横岭城一线占领阵地；16日，又令新增援的第94师56团与第21师122团合编为1个支队，在石峡附近占

① 抗日战争中的“四大名团”指：北京卢沟桥抗击日军的吉星文团、南口保卫战中的罗芳珪团、山西忻口会战中夜袭阳明堡日军飞机场的陈锡联团和淞沪抗战中孤军八百壮士守卫上海四行仓库的谢晋元团。

领长城沿线阵地。同日，日本华北方面军命令，板垣征四郎第5师团加入南口作战，并指挥第11旅团。第5师团首先以步兵42联队1大队，在坂田支队左侧攻击长城线上的中国守军。

17日，日军步兵第42联队1大队夺取了长城防线上的最高峰1390高地。随后，日军第5师团主力逐次展开于1390高地至镇边城之间，并将1050高地附近作为主要突击方向。在此情况下，汤恩伯又令第4师12旅加入横岭城作战。

18日，傅作义率第72师、第200旅、第211旅和独立第7旅到达怀来、下花园地区。蒋介石也急令卫立煌第14集团军经易县、涞水迅速向周口店一带前进，增援南口、怀来地区作战；另派位于平汉、津浦路的部队，向平津之间出击，以吸引日军，配合卫立煌部北进。

作战过程中，日军先用飞机、大炮猛烈轰炸中方阵地，几乎将防御工事炸平，把中国守军预埋的地雷全部击响，然后再以坦克车和骑兵掩护步兵冲锋。

中国军队随时做好了为国捐躯的准备，将士们把所有的私人物品全部扔掉，视死如归地走向战场。战斗中，日寇每天向中方阵地倾泻数千发炮弹、炸弹，中方阵地几乎每平方尺都有炮弹落下，工事总是刚修好就被炸毁，再修好，再被炸毁。山上的石头被炸碎，阵地上散落着官兵的断臂残肢，但没有一个人后退。最困难的时候，给养断绝，士兵们靠啃附近农田里的玉米充饥，吃沙果解渴。沙果吃完后，只能喝战壕里的雨水。中国守军没有飞机、坦克，大炮不足50门，官兵用步枪、手榴弹、大刀与敌拼杀，一次次打退敌人的疯狂进攻。前方守军大部战死，伙夫、马夫、勤务兵等悉数加入战斗，前仆后继，慷慨赴死，战斗之惨烈可谓惊天地，泣鬼神。

虽败犹荣

21日拂晓，日军向横岭城一线发动猛攻。战至中午，中国守军第4师损失惨重，第19团1营几乎伤亡殆尽。次日，日军一部突入长峪城北沿中国守军阵地，遭到赶来增援的第72师415团、416团顽强反击，将所失阵地夺回。而后，日军向灰岭子第72师阵地正面攻击，并以一部向镇边城迂回，一部突入横岭城南面高地。同日，卫立煌第14集团军右翼83师在千军台与日军牛岛支队展开激战。

23日，向镇边城西南迂回的日军与中国守军第72师416团交锋。日军将该团击退后，占领镇边城，并占领横岭城附近的水头村。第二天，第14军83师留部分兵力在千军台牵制日军，主力北进，但进至沿河城时，被永定河洪水所阻，改道青白石向大村西侧前进。第14军左翼第10师则于大村一带将牛岛支队一部击溃。

25日，日军猛攻横岭城和居庸关。15时，日军坦克冲入居庸关。中国守军虽伤亡惨重，但仍占据山岭有利地形与日军作战。当日，守卫水头的独立第7旅与日军激战后退守怀来，随即遭到日军攻击，正面长城线上的中国守军已陷于日军重重包围之中。

这一天，第4师第12旅副旅长张本禹押着装满武器弹药的火车，在南口车站指挥卸车。正赶上日军以20余辆战车、30余门大炮掩护步兵进攻。日军炮火击中火车头，引燃车上的弹药，现场血肉横飞，张本禹头部受伤，当场牺牲。此时，张本禹的哥哥张治中将军正在淞沪战场上与日军激战。得知这一消息，他悲愤不已，写信抚慰弟媳："我虽失一爱弟，但得一爱妹……"

26日，汤恩伯下令撤退。南口战役从8月8日开始，到26日结束，历时近20天，中国守军以伤亡2.6万余人的代价，歼灭日军2600余人。

南口战役虽然失败，但"南口以及整个平绥线上前敌将士的忠勇，不管在敌人炽烈的炮火和大规模使用毒气的进攻底下，他们名副其实的战斗到了最后一人"。[①]仍不失为中国抗战史上极其光荣的一页，具有重要的历史意义。

中国军队在南口的顽强抵抗，延缓了日军侵华的进程，使其"三月亡华"的神话破灭，极大鼓舞了全国人民的抗战热情和斗志。南口战役以及

① 《南口的失守》,《解放》周刊第一集，第1卷第15期（1937年8月31日），"时事短评"。

淞沪会战，使蒋介石认识到联共抗日的必要，因而对谈判一年有余的国共联合抗战问题态度积极起来，终于接受了《中共中央为公布国共合作宣言》。抗日民族统一战线正式形成，中国人民伟大的抗日斗争出现了新局面。

（执笔：贾变变）

桃棚村抗战遗址

桃棚村抗战遗址位于北京市平谷区山东庄镇桃棚村。这里是京东大峡谷入口处，属山区村落，三面环山，地势险要。抗日战争时期，因进可攻、退可守的险要地势，成为军事要冲。这一带军民与日本侵略者进行了英勇的斗争，当地留下了众多抗日遗迹和遗存，主要包括平谷县第一个农村中共党支部旧址、锯崖洞、印刷厂以及看守所旧址。2011年，中共北京市平谷区委员会、平谷区人民政府对桃棚村抗战遗址进行了修复，建成了包括宣誓广场、英烈园纪念广场、红谷主题教育馆等场所在内的“红谷”党员教育基地。2021年，“红谷”党员教育基地被确定为北京市首批市级党员教育培训现场教学点之一。

桃棚村抗战遗址

抗日红旗漫卷桃棚

1940年，桃棚村锯崖洞内诞生了平谷第一个农村中共党支部。此后，党组织不断发展壮大，抗日红旗漫卷整个平谷地区，这一带成为冀东西部抗日根据地的中心区。当地村民积极配合八路军进行抗日武装斗争，书写了可歌可泣的英雄篇章。

平谷第一个党支部诞生

1935年底，在日本帝国主义的策划和支持下，汉奸殷汝耕成立了伪冀东防共自治政府，统辖包括平谷在内的冀东22县。桃棚村的百姓在日伪统治下过着暗无天日的生活。1938年6月，八路军第4纵队挺进冀东，发动抗日大暴动，桃棚村的百姓才见到希望的曙光。

第4纵队驻扎桃棚村期间，大力宣传中国共产党的抗日救国主张，让村民们深受鼓舞，许多人积极参加抗日游击队，配合八路军组织冀东大暴动。第4纵队西撤后，留下包森等带领部队在冀东坚持抗战。

1940年元旦，中共冀东西部地分委召开阎老湾会议，决定由包森、李子光、王少奇等负责建立盘山游击根据地，以盘山为依托，在蓟县、平谷、密云等山区开展抗日斗争。4月15日，平谷第一个抗日民主政府蓟（县）平（谷）密（云）联合县政府建立。7月，联合县西北办事处及区委在桃棚村一带成立，统辖平谷全境及兴隆、密云部分地区，打开了冀东西部的抗日局面。8月，包森率部队到达盘山，建立八路军晋察冀军区第13军分区第13团，与地方党委密切配合，开辟抗日根据地。

联合县西北办事处及区委建立后，开始在农村发展党员，领导和发动广大群众进行抗日。经过不懈努力，在平谷县的桃棚、鱼子山、北土门等10余个村庄，发展了第一批党员。党员们常在田间、地头、树林，与群众促膝交谈，宣传党的政策和抗日救国主张。经过一系列准备，联合县委决定成立农村党支部。

9月12日，联合县委组织部部长李越之、西北办事处区委书记江东带领党员王世勋、于锡元、符运广、王世发、符连芳和谢凤宽，到桃棚村北山灌木丛中的锯崖洞，召开平谷农村第一个党支部成立大会，推选王世勋任支部书记。桃棚村成立的平谷第一个党支部，犹如一颗革命火种，迅速燎原于平谷地区。

党支部成立后，6名共产党员广泛发动群众，带领乡亲一起“打鬼子、除汉奸”，成为平谷地区抗日的坚强力量。于锡元、王世发还被区委派到平原区的杜辛庄、马各庄等村发展党员。与此同时，北部山区和周边村庄也相继建立了党支部。这年底，平谷北部山区的党员发展到120人。一年后，共有农村党员644名，建立了54个党支部15个党小组。

抗日堡垒村

从1941年7月开始，冀东人民抗日斗争进入最艰苦阶段。日本侵略军连续推行“治安强化运动”，军事上反复“扫荡”“清剿”，制造大片“无人区”；经济上严密封锁、掠夺破坏；文化上宣扬“王道乐土”“共存共荣”，灌输奴化思想。冀东平原壕沟纵横、炮楼林立，变成了血雨腥风的人间地狱。

桃棚村当时也成为日军重点“扫荡”的目标。11月，日军包围了桃棚和鱼子山，疯狂地“集家并村”，驱赶村民进入“人圈”，宣称“一家掩护八路、十家同罪”，妄图割裂群众与八路军的血肉联系。日军所到之处，见房就烧，见人就杀，见东西就抢，连续制造多起惨案，犯下累累罪行。当时只有8岁的桃棚村村民于秀荣老人，至今还清楚记得，当年为了躲避日军的驱赶，自己和母亲两个人被迫躲在村外山洞里，只有等到晚上没人的时候才敢回家找点儿吃的。

桃棚村群众没有被敌人的屠刀吓倒，他们在党支部的带领下，成立民兵武装，顽强坚持抗日斗争。民兵们平时住在山洞密林，靠树根野菜充饥，为八路军传递情报、保护物资。他们采取灵活机动的战术，利用熟悉地形的优势与敌人开展游击战、麻雀战、地雷战等，组织破坏日、伪军的交通线、通信线，不断扰乱、牵制敌人，狠狠地打击了他们的嚣张气焰。

一天清晨，大雾弥漫，日军悄悄逼近村庄，正在站岗的民兵于怀谦和陈仓发现日军时，已经来不及藏身，就立刻将消息树放倒，发出报警信号。日军扑上来将二人抓获，让他们带路去熊儿寨搜捕八路军。走在山路上，二人互对了眼神，立刻心领神会。到达半山腰时，他们乘日军放松之机，冒险跳下山崖，利用山石巧妙地躲过了日军的射击和追捕，后迅速奔赴熊儿寨根据地报信，八路军伤病员、干部和村民全部安全转移。

桃棚村还有一些民兵为了保护八路军，宁死不屈，展现出了大无畏的英雄气概。11月19日，民兵张永深不幸被日军抓捕，遭受到严刑拷打。他大义凛然，对八路军伤病员和抗日干部的下落一字不吐。日军又把他吊在房梁上，用马鞭抽、烙铁烫，还是一无所获。他受尽折磨，壮烈牺牲在村外的河沟边。

冀东西部根据地中心区

作为堡垒村，桃棚与南部的盘山根据地共同成为冀东西部抗日根据地的中心区。

这里是八路军的后方基地，军械修理所、被服厂、卫生所、印刷厂、兵工厂都设在这里。当时兵工厂的铸造车间和装配车间，分别依托山洞建在祥云寺和双峰圣水洞内。地雷和手榴弹在铸造车间造好后，需要经过崎岖的山路运到装配车间装填炸药，然后由民兵运到前线。由于日、伪军封锁，为把武器弹药尽快送到八路军手中，村民自发组建“运输队”，昼伏夜出，翻山越岭，克服了众多无法想象的困难。

这里是武器的原料补给站。当时，兵工厂最困难的要数生产原料供应。制造手榴弹和地雷需要大量焦炭，这些焦炭原来都是从河北唐山运送来的。敌人封锁桃棚村一带后，焦炭运不过来，兵工厂面临停产，这可让军民们犯了愁。为难之际，有村民提议，附近就分布着数千亩原始橡树林，没有原料，咱们自己动手烧。这种橡树大多几人粗、三五丈高，木质坚硬，烧成白炭后，能顶焦炭用。从此，桃棚村烟雾弥漫，一批批白炭出窑，保证了兵工厂的生产。

这里还是冀东西部党政军机关的所在地。1940年11月，冀东专署撤销蓟平密联合县，建立平（谷）密（云）兴（隆）联合县。此后，桃棚村又先后成为平（谷）三（河）密（云）、平（谷）三（河）蓟（县）联合县县委所在地，也是冀东西部地分委、专署以及八路军冀东军分区第13团的驻地。当时的冀东专署专员焦若愚、副司令员兼13团团长包森、县委书记李子光、县长李光汉等经常在此开展工作，领导对敌斗争。

1944年，冀东抗日军民转入反攻作战。8月下旬的一天，桃棚、鱼子山、北寨三个村的民兵70余人，包围了峨嵋山村伪军据点。他们采取围而不攻的战术，分成若干个小组，严密监视敌人的一举一动。只要伪军一出炮楼，就立刻将其活捉或击毙。他们还不断向伪军喊话，故意引诱敌人向外窥探，趁机射击，吓得伪军再不敢随意走出炮楼，或从枪眼向外窥探了。就这样，民兵们将炮楼围困数天，断粮断水。9月初，伪军被迫逃窜，民兵无一伤亡地拔掉了峨嵋山村据点。

桃棚村虽然在敌人的重重压力之下，但始终坚如磐石。有了这块根据地，冀东与延安党中央、晋察冀中央分局的交通得以畅通，可以秘密输送干部，传递机要信件。中共冀东西部地分委以此为中心，组织力量，一面向平原地区的顺义、三河、通县发展抗日力量，恢复基本区、开辟新区；一面向长城外的兴隆、密云、滦平、承德发展，开展对伪满洲国地区的工作。

作为冀东西部抗日根据地的中心区，桃棚村一带军民以不畏强暴、血战到底的英雄气概，不屈不挠地开展斗争，成为冀东抗战的一个典范。

（执笔：董志魁　郝若婷）

熊儿寨北土门战斗遗址

熊儿寨北土门战斗遗址位于北京市平谷区熊儿寨乡北土门村西北的九里山上。1944年6月，晋察冀军区第13军分区13团在此重创日、伪军，71名指战员英勇牺牲。遗址主体是平谷县人民政府于1985年修建的汉白玉烈士纪念碑。碑阳镌刻原中共冀热辽区委书记、军区司令员李运昌题写的“革命烈士永垂不朽”八个大字。碑阴为原平（谷）三（河）密（云）联合县县委书记李越之书写的碑文，记述了熊儿寨北土门战斗经过。遗址内还保存着将军墓、烈士墓、弹雨石、13团指挥部旧址等抗战历史遗迹。

北土门烈士墓

九里山上的铁血忠魂

铁血卫山河，日伪魂胆丧。1944年6月，晋察冀军区第13军分区13团团长舒行，率部主动出击，在熊儿寨北土门进行了一场惊心动魄的反攻作战，狠狠打击了日、伪军的嚣张气焰。激战中，71名八路军指战员壮烈殉国，长眠在平谷区熊儿寨乡这片热土上。

转战承兴密

1944年夏，冀东抗日根据地形势好转，局部反攻作战拉开序幕。晋察冀军区第13军分区13团，首先在平（谷）三（河）蓟（县）联合县取得甘营、望马台、南水峪等战斗的胜利，被日本华北方面军、伪华北绥靖军“蚕食”的基本区得到恢复。

13团乘胜进击，转战承（德）兴（隆）密（云）联合县，开始在潮河以东长城沿线积极活动，寻找战机。5月29日，13团在陡子峪设伏，重创日、伪军一部。日、伪军恼羞成怒，立即组织6个“讨伐”大队紧追不放。13团沿着平谷清水河川，经过苇子峪、转山会，穿过黄门川向南迂回，巧妙甩掉敌人。

日、伪军心有不甘，于6月1日，再次出动2个日军中队和4个伪满“讨伐”大队共1100余人，携带迫击炮9门、轻重机枪42挺，沿长城线疯狂“扫荡”，企图寻找进而消灭13团。2日，日、伪军窜入北土门、熊儿寨宿营。

13团派出的侦察员，时刻掌握日、伪军动向，见敌人分头进了两个村子，立即上报团部。团长舒行认为，日、伪军虽兵力占优，装备精良，但却因长途跋涉疲惫不堪，又骄横轻敌。13团虽仅有4个连几百人，但官兵士气旺盛，又有群众大力支持，占尽天时地利人和，打胜这一仗还是有把握的。遂决定抓住这一有利战机，给敌人以突袭。

2日深夜，13团在夜幕的掩护下，神不知鬼不觉地占领了附近山头，分兵两路包围北土门和熊儿寨。舒行把团指挥部设在九里山上，具体指挥攻打北土门；参谋长陈云中和政治部主任王文，在东山顶指挥，攻打熊儿寨。

舒行和陈云中是参加过长征的老红军，有着丰富的指挥作战经验，政治部主任王文是蓟县人，当过游击队指导员，一直在当地作战，对环境非常熟悉。作战部署完成后，他们分别派出侦察员，联系当地老乡，找到向导，迅速摸清两个村的地形和敌情，以便对日、伪军实施围歼。

突袭北土门

北土门村北依九里山，南距平谷县城15公里。这里长期遭到日、伪军祸害，房子被烧，粮食被抢，部分村民被逼离家出走。日、伪军还在村口设卡，强拉村民出苦力、修工事，百姓备受欺凌，苦不堪言。

这天夜里，老乡们知道八路军来了，非常高兴，主动向侦察员介绍日、伪军在村内的驻扎情况及村内的街道，纷纷表示愿意给八路军带路，歼灭这股敌人，为遭欺压的乡亲们报仇。根据作战计划，舒行给担负主攻任务的1连和特务连进行战前动员说:“同志们，这是场近战夜战，行动要迅速，作战要勇猛，一定要把敌人消灭在睡梦中，打出我们13团的威风!”

3日拂晓，1连和特务连突袭北土门。在村民们的引领下，悄悄除掉村口的哨兵，然后包围日、伪军驻扎的几个院落，同时向院内投出手榴弹。一些在睡梦中的日、伪军有的被炸死，有的被吓得魂飞魄散，连滚带爬冲出屋子，玩命翻过院墙争相逃命。

驻有敌指挥官的大院遭到袭击后，日、伪军立即在两个大屋里架起12挺轻、重机枪，透过门窗疯狂向外扫射，封锁住了大门和院墙周围，使进攻部队频频受阻。

强攻不行，就得智取。舒行派10余名战士迂回到房后，分头搭梯爬上屋顶，揭开瓦片，向屋内投掷手榴弹。在“隆隆”的爆炸声中，所有机枪顿时变哑，许多日、伪军被炸得血肉横飞。进攻部队乘势冲进院内，击毙负隅顽抗的日、伪军，迫使惊恐万状的残敌举手投降。

逃出村庄的一股日、伪军，企图爬上村北的制高点，居高临下进行反击。预先埋伏在村北的13团一个排，顽强阻击，血战强敌，连续打退敌人5次疯狂进攻，拼到只剩下3人，没让敌人阴谋得逞。

激战熊儿寨

位于北土门村以北2公里的熊儿寨，地处长城隘口，四面环山。在北土门战斗正酣的时候，参谋长陈云中、政治部主任王文率领的2连、5连，已经在熊儿寨占据有利地形，等待时机发起进攻。

拂晓时分，日、伪军的一名哨兵发现山坡上有动静，正要鸣枪报警，却被一枪毙命。枪声惊动了村内的日、伪军，一名军官提着手枪惊慌地从屋内跑出，一边叫嚷着“集合!”一边到处寻找枪声传来的方向。这时，陈云中一声令下“开火!”埋伏在山坡上的指战员立即开枪射击，刚刚跑到院子里的日、伪军顿时倒下一片，残余缩回屋内。

“嗒嘀嗒嗒嗒嗒嗒……”趁敌人惊魂未定，嘹亮的冲锋号声响了起来，2连、5连战士如下山猛虎冲进村内，朝着日、伪军居住的院落，投出一颗颗手榴弹，一堵堵院墙被炸开缺口，院内的日、伪军被炸得四处逃窜。2连、5连逐院逐屋进行清灭，吓破胆的伪军举枪跪地投降。战士们乘胜追击，与敌人展开激烈的巷战，挥舞大刀进行肉搏，仅在熊儿寨东街口就歼灭100余名伪军。

承兴密联合县政府组织当地群众，踊跃支前，给八路军送水送饭送弹药，进一步激发了13团官兵的士气，指战员愈战愈勇，直打到午后2点。这时，敌情突变。侦察员报告，附近几个据点的大批日、伪军正朝这里赶来。舒行审时度势，果断命令部队停止进攻，撤出战斗。

战斗结束后，当地百姓献出40口板柜，将找到的烈士遗体安葬在北土门后山和熊儿寨东山。这场战斗，堪称冀东西部中心区规模最大、歼敌最多的战斗，八路军以牺牲71人、伤92人的代价，击毙日军6人、伪军492

人，伤伪军68人，俘伪军3人，缴获一批枪支弹药。让长期盘踞在长城沿线制造千里“无人区”、欠下冀东人民笔笔血债的伪满“讨伐”大队伤亡惨重，对巩固和发展冀东西部根据地发挥了重要作用。

1985年8月14日，为纪念中国人民抗日战争暨世界反法西斯战争胜利40周年，中共北京市平谷县委、县人民政府为在这场战斗中牺牲的抗日英烈竖碑以记，并举行隆重的纪念碑落成典礼。曾参加指挥这场战斗的陈云中、王文出席了仪式。如今，坐落在九里山上的熊儿寨北土门战斗遗址已成为平谷区爱国主义教育基地。“青山埋忠骨，山河念英魂”，为国捐躯的人民英雄与祖国大好河山同在。

（执笔：董志魁）

东长峪营救美国飞行员遗址

东长峪营救美国飞行员遗址位于平谷区东长峪村北的半山腰上。1945年2月2日，美国陆军第20航空队的一架轰炸机从成都空军基地出发，到中国东北鞍山执行轰炸任务返航时，因出现故障坠毁，机组人员全部跳伞。为了防止这些飞行员落入日军之手，平（谷）三（河）蓟（县）联合县抗日军民，竭尽全力，展开了一场生死攸关大营救，彰显了冀东抗日根据地军民高尚的国际主义精神。时至今日，飞机坠毁时被烧焦的那片红色土壤仍被当地完整保存，标志为“东长峪营救美国飞行员遗址”。

东长峪营救美国飞行员遗址

长城脚下的生死大营救

1点，2点……10点，1945年2月2日上午9时许，平谷东长峪一带上空，突然出现了一个个小白点。不一会儿，这些白点在蓝天中变成了朵朵绽开的伞花。原来，一架美军重型轰炸机到东北鞍山执行轰炸任务后返航途中失事，机上的10名成员全部跳伞。随之，一场生死大营救在长城脚下展开……

“给盟军以一切帮助”

太平洋战争爆发后，美国与中国成为反法西斯同盟国，在亚洲太平洋地区共同抗击日本侵略者。美国陆军航空队退役军官陈纳德，组建美国志愿援华航空队（即“飞虎队”）来华参战。从此，美国不断在华扩大空军力量，弥补了中国空军力量的不足，使中国逐步取得制空权。

1943年，美军在华设立空军基地，频繁出动飞机轰炸华北、华中及华南的日军军事设施及交通线。美军第20航空队进驻四川后，先后出动上千架次B-29重型轰炸机，对日本本土和中国的东北鞍山、沈阳等沦陷区的日军进行了24次战略轰炸。在执行轰炸任务的过程中，美军飞机经常遭到日军炮火攻击，或被击中，或发生故障，飞行员不得不弃机跳伞。

为支援盟军作战，1944年，中共中央向全国发布纪念全民族抗战七周年口号，其中明确强调：“给来华作战的盟军以一切帮助！援助和救护盟邦飞行人员！”根据中共中央的要求，10月17日，晋察冀军区司令部做出《关于盟国飞机及飞行员救护工作的指示》，提出，若发现盟军飞机失事，根据地军民要组织全力营救。这份指示，还详细列出了在救护飞行员过程中，可能遇到的各类情况和相应的处理办法。

美国第20航空队每次执行轰炸驻中国东北日军军事设施的任务后，其往返航线，都要经过平三蓟联合县熊儿寨乡东长峪村的上空。平三蓟联合县经过多年奋斗，已成为中国共产党领导的较为稳固的抗日根据地，晋察冀军区第14军分区也驻在这里。日、伪军在这一地区遭受严重打击，仅剩下胡庄、平谷等几个据点。

平三蓟联合县广大军民，积极贯彻晋察冀军区“援救盟军飞行员”的指示，组织力量立即勘察地形，熟悉路线，建立救护小组，筹措救援工具和医疗器材，为随时营救盟军飞行员做好了充分准备。

营救十名美军飞行员脱险

1945年2月2日上午9时许，晋察冀军区第14军分区接到东长峪村的观察哨报告：沿着长城由东向西发现飞机。随后，天空传来轰鸣声，一架大飞机侧棱着机翼，在刘家河、东长峪一带上空盘旋。飞机没有投弹，也没有低空扫射，而是挣扎着往高空钻了一下，歪歪扭扭地摆平了机身，接着，从飞机上掉出一个个小白点，不一会儿这些白点在蓝天中变成了朵朵开放的伞花。几乎同时，飞机嗡嗡地拖着尾烟冲向东长峪方向，继而传来了巨大的爆炸声。

在此之前，河北迁安也曾发生过类似事件。军分区领导根据经验判断，这很可能是美国盟军的飞机出现了故障，飞行员被迫跳伞。这些飞行员一旦落入日军之手，一定会遭到残忍虐杀。为此，军分区领导果断下达指令：立即组织部队、民兵进山搜救。同时，命令第13团一个班向胡庄据点机动警戒；派出两个连埋伏在山东庄一带，堵截平谷县城可能出动的敌人。

最先跳伞的3名飞行员，分别降落在刘家河村北老和尚洞的石砬上、村东北墩占坡的西山腰和黑枣沟内。落在西山腰和黑枣沟的两名飞行员很快被民兵救下。民兵们又拨开荆棘，找到了落到石砬上的飞行员，发现他的腿部被树枝严重剐伤，便赶紧找来一头毛驴驮他。获救的飞行员出示了随身携带的证件，证实了他们是美国盟军的飞行员。很快，他们被送到军分区驻地刘家河村。

第一批飞行员被救之际，胡庄据点的日、伪军出动了，与八路军派出的一个班发生交火。13团立即加派兵力，阻击敌人。平谷县城的日、伪军也出动了，他们刚过山东庄镇西沥津不远，就遭到预先埋伏的13团两个连的阻击。激战中，两名八路军战士英勇牺牲，数人负伤，日、伪军被打死、打伤数十人，其余狼狈撤回县城。

美军飞机的报务员和机长降落在离长城不远的龙潭东沟附近，被八路军13团供给处的民兵顺利救下。身高近两米的空中射击员落在悬崖边一棵大树上。民兵们发现他后，冒着生命危险，艰难地攀上悬崖，才把他救下来。

黄昏时分，其他4名飞行员也从北寨等村陆续转送到刘家河村。至此，经抗日军民的共同奋斗，救护工作胜利完成，10名美军飞行员全部获救。

“这是一段难忘的日子”

获救的美军飞行员在刘家河村劫后重逢，不胜喜悦，忘情地互相拥抱。尽管语言不通，也无法阻止他们一再表达对救援人员的感激之情。机长用英语与根据地尖兵剧社音乐队长今歌、创作组长管桦等人交流，得知救援者是中国共产党领导的八路军和老百姓时，他操着不太熟练的汉语连声说：“谢谢，谢谢！我们是盟军。”他接着用简单的拉丁字母拼音说出一连串地名，大家才了解了基本情况。原来，他们驾驶的这架B–29重型轰炸机，从成都起飞，到东北轰炸鞍山昭和制钢所，返航时飞机引擎出现故障，他们全部跳了伞……

飞行员得知，为了援救他们，有八路军战士牺牲，飞行员们百感交集。机长当即命令全体机组人员脱下飞行帽，朝八路军战士牺牲的方向默哀。

这时正值旧历年关，根据地的军民准备欢度春节。14军分区的领导得知美军飞行员安全获救，特意赶来看望慰问。晚上，八路军、青年抗日先锋队、妇救会以及儿童团，汇集到刘家河村打谷场上，相互拉歌，欢迎这些特殊的客人。尖兵剧社演出了抗日话剧和歌曲，今歌和管桦还把自己创作的《迎接胜利的1945年》的歌词译成英文，抄送给美国朋友，预祝世界反法西斯战争取得最后胜利。

美国飞行员们亲眼见到的这块抗日根据地，在地图上却被标为“敌人占领区”。令他们意想不到的是，这里夜不闭户，路不拾遗，和谐安定；这里政治进步，军民团结，官兵平等。中国共产党领导的抗日力量以及敌后根据地的欣欣向荣，让他们大为震撼。

根据上级指示，这些获救的美军飞行员，又历经曲折，被护送到晋察冀军区司令部驻地河北省阜平县。获救的韩贝上尉等人到延安后，给晋察冀军区副参谋长耿飚写信:“非常感激八路军在我们留住晋察冀军区司令部的日子里，在吃饭和住宿方面给予我们很好的照顾，这是一段令人难忘的日子。我们希望你们在你们的事业中，继续胜利成功，走向新的民主中国。”[1]

这些获救飞行员回国后，出于对敌后抗日军民无私救援的感激，通过在报刊上发表文章、向亲友写信等方式，畅谈自己的脱险经历及对中国共产党的印象，客观介绍了敌后抗战的真实情况，对宣传党的主张起到了积极作用，激起了强烈反响。

敌后抗日根据地军民，全力营救和护送美军飞行员的义举，为中国共产党及其军队赢得了国际声誉，谱写了世界反法西斯战争中中美两国友谊的美好篇章。

（执笔：董志魁　郝若婷）

① 晋察冀军区:《晋察冀与美军联络关系总结报告》(1945年)，解放军档案馆藏：311-Y-WS. W-1945-017-001。档案原文中的译文无法通顺阅读，此处为改写。

沙峪抗日纪念碑

沙峪抗日纪念碑坐落于怀柔区渤海镇沙峪村。1938年6月，这里发生过一场激战，打响了怀柔抗日的第一枪。为纪念这次战斗，1987年怀柔县委、县政府在此建立纪念碑。纪念碑坐北朝南，高15米、宽3.5米。碑的正面刻有抗战时期中共河北省委书记马辉之题写的“民族英雄永垂不朽”八个大字，背面刻有记叙八路军第4纵队在沙峪村与日军战斗经过的碑文。如今的沙峪抗日纪念碑，四周苍松翠柏、绿树成荫，已成为怀柔区重要的爱国主义教育基地。

沙峪抗日纪念碑

点燃平北抗日烽火的沙峪之战

1938年，日本侵略军的铁蹄践踏华北。6月，八路军第4纵队在挺进冀东的路上，在怀柔沙峪一带，歼灭日本关东军驻密云古北口染谷中队。沙峪战斗大大提振了平北抗日军民的胜利信心，从而点燃了平北的抗日烽火。

挺进冀东　策应暴动

卢沟桥抗战，拉开了全民族抗战的序幕。中共中央政治局在陕北洛川举行扩大会议，通过《关于目前形势与党的任务的决定》，号召“动员一切力量，争取抗战的胜利”。冀东党组织根据党中央指示，决定积极发动群众，举行一次大规模的武装抗日暴动。

1938年4月，八路军总司令朱德和副总司令彭德怀命令第120师宋时轮、115师邓华两支队，深入热南、察东、冀北开辟新的根据地。他们按照晋察冀军区部署，在当地抗日游击队的配合下，建立抗日政权，逐步开辟了房山、涿县、涞水、良乡、昌平、宛平等根据地。5月，宋时轮支队到达平西，与提前到达的邓华支队会合。根据八路军总部电令，邓华支队改为11支队，宋时轮支队改为12支队，两支队合编为八路军第4纵队，共有指战员5000余人。宋时轮任司令员，邓华任政委兼党委书记，李钟奇任参谋长，伍晋南任政治部主任。

为策应冀东抗日大暴动，6月8日，第4纵队从平西斋堂出发，分南北两路，经平北向东挺进。宋时轮支队先行攻克昌平，过十三陵，打下黄花城据点，随后向怀柔沙峪方向进发；邓华支队过平绥路，从青龙桥过八达岭，攻克永宁，连夜急行军攻打四海镇，并于10日晚继续东进。这天夜里，两支队伍在怀柔渤海镇一带会合。

途中设伏　聚歼强敌

6月11日清晨，邓华支队在沙峪村首先拿下伪警察所，接着八路军侦察员捉到了3个汉奸特务。经过审讯，得知日本关东军驻密云古北口一个中队正经过怀柔县城，朝着沙峪方向行进，企图支援四海守敌。

八路军总部曾指示第4纵队，东进途中尽可能避免与敌人正面接触，以尽快挺进冀东。然而，如果此时不消灭这股迎头而来的日军，第4纵队就无法顺利通过怀柔地区。邓华认为，这股敌人对我军的行踪还不了解，果断决定在这里设伏，打他们一个措手不及。

沙峪村东，有一条通向怀柔县城的必经之路，路两旁是一米多高的土坡，坡北是土山，坡南是怀沙河，河的南边是高山。伏击日军的战场选在沙峪村东山嘴一带，地形对我军十分有利。参谋长李钟奇周密部署兵力：指挥所设在北山一座小庙后的山头上，抽调31大队1营埋伏在河套南山，2营埋伏在河套北山；在敌前进方向部署了1个重机枪连，实施正面阻击；在敌人退路的左右两侧山上也分别布下兵力。待敌人进入伏击圈后，埋伏部队同时开火，把敌人压在河套沟内。同时，互相配合紧缩入口，切断退路，阻击增援之敌。

上午11时，远处河边狭窄的小路上，排成一路纵队的日军由东向西疾速而来。当日军完全进入伏击圈时，指挥员一声令下，隐蔽在山上的八路军官兵同时向敌人猛烈开火，霎时间机枪、步枪、手榴弹响成一片。走在前边的指挥官还没明白怎么回事已中弹身亡，一些日军还没来得及摘下枪，就被击毙或炸伤。

一阵慌乱之后，日军开始还击。这时，埋伏在两侧山上的八路军战士，在机枪的掩护下一跃而出，向敌人冲杀下去，短兵相接，展开惨烈的肉搏战。八路军打得非常英勇顽强，有3名战士负重伤后拉响手榴弹，与十几名敌人同归于尽；有的战士直到牺牲时，双手还紧紧掐着敌人的喉咙。在沙峪河套边、山坡上、谷地里，敌人丢盔弃甲，尸横遍野。

这股日军是关东军的精锐部队，有相当强的战斗力。一部分敌人利用路旁沟坎做掩护，顽固抵抗，八路军两次冲锋均未成功。这时，邓华等认真分析战场情况，发现这些敌人多是有经验的三四十岁的“胡子兵”，于是改变打法，集中特等射手，对“胡子兵”露头一个打一个。

战斗持续到下午3时许，枪声渐稀，但五六十个残余之敌仍在负隅顽抗。邓华命令31大队组织1个突击队，隐蔽前进，绕到敌人的背后，用手榴弹消灭他们的重机枪。1个排的战士，每人带上10颗手榴弹，爬向前沿阵地。在没膝的高粱掩护下，战士们很快接近敌人。指挥员一声令下：“打!”手榴弹在敌群里开了花，炸得敌军血肉横飞。

下午4时，战斗结束，八路军取得最后的胜利。这次伏击战，歼灭日军包括中队长染谷少佐在内共120余人，只有几个漏网之鱼逃窜到怀柔县城日军驻地；缴获步枪80多支、轻机枪3挺、掷弹筒3个。八路军也有较大伤亡，参谋长李钟奇负重伤，70多名指战员献出了宝贵生命。

军民同心　建立政权

沙峪之战的胜利，得益于八路军灵活机动的战略战术，更是人民群众大力支持的结果。第4纵队东进过程中，一路纪律严明，露宿路边不扰民，不拿群众一针一线，受到当地百姓的欢迎和拥护。村民们纷纷主动腾房扫院、点火烧水，又拿出自家的核桃、栗子、红枣、花生给战士们吃。

战斗打响前，八路军把村民们转移到沙峪北沟安全地带。战斗打响后，有的村民主动留下来，跑前跑后为战士带路指道，送水送饭；有的卸下自家门板，做成简易担架，三四人一组，冒着枪林弹雨，从战场上抢救伤员。

部分负伤的战士被送到北沟村。村民们主动把家里最大的屋子腾出来，接收八路军伤员。他们不厌其烦地为重伤员喂水喂饭，端屎端尿，精心照料，直到部队将伤员安全转移。

战斗结束后，乡亲们簇拥着胜利归来的英雄，听干部战士们讲述精彩激烈的战斗过程。当八路军的队伍开拔继续向冀东挺进时，村里的男女老少纷纷走出家门，站在路边、村口，依依不舍地与子弟兵挥泪告别。

沙峪战斗，不仅保证了第4纵队主力顺利通过怀柔地区到达冀东，而且是继平型关大捷后，对日本精锐部队关东军的又一次痛击，极大地鼓舞了根据地抗日军民的士气。

沙峪战斗之后，第4纵队在东进途中，又先后打下八道河、琉璃庙、汤河口等日伪据点。为扼守怀柔地区这条连接平西与冀东的交通要道，第4纵队留守部队还以秋场、头道梁、大地为中心开展游击活动，宣传抗日，组织救国会，建立政权。1938年7月初，滦昌怀联合县在头道梁村创建，这是怀柔地区第一个县级抗日政权。在滦昌怀联合县县委的领导下，头道梁、长园、甘涧峪、辛营、慕田峪、黄花镇一带，成立了多个区、村级抗日救国会，开展统一战线工作和抗日救国宣传。从此，平北的抗日烽火迅速燃起。

1987年，怀柔县委、县政府为纪念在沙峪战斗中牺牲的烈士，修建了沙峪抗日纪念碑。如今，这处著名的抗战遗址，已成为人们缅怀先烈、接受爱国主义教育的红色打卡地。

（执笔：高俊良）

冯家峪战斗纪念碑

冯家峪战斗纪念碑位于密云区冯家峪镇冯家峪村。1940年12月，晋察冀军区八路军第10团第1营在冯家峪伏击日军铃木大队哲田中队，歼灭日军90余人，鼓舞了平北军民士气，打开了丰滦密抗日根据地局面。1944年，为纪念冯家峪战斗，中共丰（宁）滦（平）密（云）联合县县委在冯家峪建立了一座纪念碑。2013年，密云区在冯家峪镇冯家峪村南湾子新建汉白玉纪念碑1座、记事碑1座。2021年纪念碑列入北京市第一批不可移动革命文物名录。

冯家峪战斗纪念碑

歼敌一个中队的冯家峪之战

抗日战争时期，丰滦密地区地处侵华日军建立的伪满洲国、伪蒙疆和伪华北政权的接合部。冯家峪村作为丰滦密一带的边关隘口，自古以来就是兵家必争之地。冯家峪战斗是晋察冀军区第10团挺进丰滦密抗日根据地后，取得的一次重要军事胜利，沉重打击了日寇的嚣张气焰，极大振奋了抗日军民的斗争士气，在平北抗日斗争史上留下了浓墨重彩的一笔。

挺进平北反“扫荡”

1938年冀东大暴动后，八路军曾两次试图开辟平北地区，均因日伪势力强大，实行残酷的殖民统治，而没有站稳脚跟。为打开平北地区的抗日斗争局面，中共冀热察区委提出“巩固平西、坚持冀东、开辟平北”三位一体战略任务。1940年春，八路军晋察冀军区第10团在团长白乙化率领下，采用“梯次隐蔽进兵”战术，分两次挺进丰滦密地区。6月，正式成立丰滦密抗日联合县，抗日游击根据地初步形成。

平北抗日根据地的建立，引起了日伪的极大恐慌。9月11日，日军纠集密云、丰宁、滦平等地几千人，步骑配合对丰滦密根据地开始了为期78天的大“扫荡”。敌人采取多路并进、合围聚歼、纵横“扫荡”等战术，施行残酷的烧杀，妄图乘抗日武装立足未稳之机，摧毁新生的抗日政权，扑灭人民的抗日烈火。鉴于敌人数倍于我军的兵力，10团采取避强击弱、内外结合的反“扫荡”方针。团长白乙化率主力1营插入敌占区乘虚打击敌人，开辟新区；参谋长才山和政治处主任吴涛率3营留在根据地内，配合县区干部群众坚持斗争。最终取得反“扫荡”的阶段性胜利，迫使日伪军分路撤兵。

这次反“扫荡”，10团在水堡子、梨树沟、二道沟、石门子、董各庄、白道峪等地与日伪军激战达37次，新开辟了长城外的贾峪、对大峪、黄峪口和白河以东的半城子、不老屯等大块地区，丰滦密根据地随之扩大为8个区。

冯家峪伏击

12月初，10团1营接到情报，驻守下营的日军铃木大队哲田中队将于近日沿白马关河川向密云撤退。营长王亢决定抓住战机歼灭这股敌人，随即率部埋伏在敌人撤退必经的西白莲峪以北一带山上。可是一连等了两天也没见敌人的影子。14日，1营又接到情报，敌人正四处抓壮丁抢牲口，准备经冯家峪村南湾子撤退。王亢决定连夜赶赴那里设伏。

南湾子距冯家峪村1里多路，白马关河自北向东南穿村而过，河两岸山峰耸峙，对伏击日军极为有利。王亢命令1连埋伏在河西山峰的南侧，负责堵死河谷出口；3连埋伏在河东南侧峭壁上，负责拦腰截击敌人；4连埋伏在西山北侧，负责卡断敌人退路。三面夹击的“口袋阵”已经布好，只待敌人钻入，来个瓮中捉鳖。

果不其然，敌人按照八路军设想的计划行动。15日清晨，日军哲田中队从下营出发向密云撤退。这伙日军自诩“常胜部队”，极为骄狂，毫不设防。上午9时许，日军大摇大摆地钻进了1营伏击圈，早已严阵以待的指战员猛烈开火。日军还未来得及展开就有十多人倒在阵地前，残敌仓皇退据河边坝坎和崖根下顽抗，并凭借优势火力掩护，向1营阵地扑来，企图抢占制高点，被我军击退。敌人仍然不死心，倾全力再次反扑，又被我军打了回去。

接着1营发起冲锋，3连从北侧梯子峪沟口冲出来，1连也沿西山坡冲下山，但遭到日军重机枪火力扫射，造成很大伤亡。1连连长鲁志华见状，奋不顾身冲向敌人重机枪，抓住灼烫的枪管，一脚踢翻射手，顿时敌人的重机枪成了哑巴，自己也不幸中弹牺牲。黄昏时分，石匣敌人赶来增援。为减少伤亡，1营主动撤离战场。这一仗击毙日军官兵90余人，但1营也付出沉重代价，67名指战员为国捐躯。

冯家峪战斗，创歼灭日军近一个中队的辉煌战绩，取得了丰滦密根据地开辟以来空前重大的军事胜利，震慑了丰滦密的敌人，鼓舞了抗日军队的士气，坚定了根据地人民的抗战信心。

“还我河山”铸丰碑

经过这次战斗，丰滦密根据地迅速掀起拥军参军热潮。密云人民兴高采烈地用白面、猪肉、水果等慰问抗日官兵。伤员被送到点将台、拦马墙子等山村救治，群众腾出最好的房子，拿出舍不得吃的食品，无微不至地照料伤员。联合县政府把筹集来的棉布发到各村，妇女们争先恐后地为10团做棉衣鞋袜，金叵罗村妇女把本村仅有的两台缝纫机搬到一起，昼夜不停地赶制；康各庄距敌人据点较近，妇女们白天把布藏起来，夜里遮住窗子做活。全县妇女夜以继日，几天内就缝制出1000多套冬装。青壮年踊跃参军，仅两个月时间就有400名新兵入伍，使10团人数增至1300人。

为纪念这一具有重大影响的战斗，1944年5月，丰滦密联合县党政军机关在冯家峪建立了战斗纪念碑，县委书记胡毅、县长倪蔚庭、冀东五区队队长师军等联名书写碑文，碑身刻有“还我河山”四个大字和详细记录这次战斗的碑文。碑文写道：冯家峪战斗是民国二十九年秋的战绩，此次战斗是王团长[①]亲手指挥的。歼灭敌寇一个中队奥村中队[②]计九十余人。我们也付出了血的代价。鲁志华、冯汝霖、张君廉、曹安德等均壮烈牺牲。冯家峪战斗敌寇惊魂丧胆，奠定了人民胜利的信心，这是开创丰滦密阶段的一个伟大辉煌战绩。

丰碑屹立，精神永存。而今，冯家峪战斗纪念碑上“还我河山”四个大字依然熠熠生辉。

（执笔：乔克）

① 即王亢，时任10团1营营长。

② 应为哲田中队。

古北口侵华日军投降地

古北口侵华日军投降地位于古北口镇城与上营城堡之间，为一块民房包围的三角地，面积大约1000平方米，场地中尚存毛石砌筑的日军兵营建筑基址。1945年9月13日下午，由中共承（德）兴（隆）密（云）联合县支队与苏联红军联合接受平郊长城一线侵华日军投降的仪式在这里举行。从此，被日军侵占12年之久的古北口得到新生。

2020年，古北口镇政府于苏联红军驻古北口期间的兵营处竖立纪念碑，碑的正面镌刻“古北口侵华日军投降地”碑名，背面刻有介绍接受日军投降全过程的碑文；纪念碑旁为中苏联合指挥部旧址。

古北口侵华日军投降地

见证日军罪恶与投降的山城古镇

巍巍长城，千年雄关。秋风劲吹，旌旗猎猎。1945年9月13日下午，双手沾满中国人民鲜血的48名日军官兵，惶惶如丧家之犬，跪倒在地，向八路军和苏联红军缴械投降。被日本侵略者强占12年之久的古北口，终于回到中国人民手中。古北口犹如一位历尽沧桑的老人，目睹了这一辉煌时刻。

古镇蒙难

古北口为京师锁钥，历来是兵家必争之地。九一八事变后，日本侵占中国东北，进而又把魔爪伸向华北。1933年3月4日，日军占领承德，开始以第8师团主力向古北口进攻。中国守军虽然进行了英勇抵抗，但仍没能阻挡住日军的进攻，古北口被日军占领。

由于进攻古北口时，在潮河关遭遇中国军队顽强抗击，伤亡惨重，日军恼羞成怒，攻占古北口不久，便以疯狂屠杀泄愤。4月14日拂晓，一队日军闯进潮河关城，见人就杀，见房就烧。顿时，枪声、破门声、杀人者的吼叫声、被杀者的惨叫声与烟尘火光交织在一起，吞没了小小山城。许多村民甚至还在睡梦中，就惨死在日军刀枪之下。26日，日军再次窜进潮河关，把12名没来得及躲藏的老弱妇孺关进一间草房，向房内投掷手雷，把人炸得血肉横飞。接着，他们又纵火烧房，毁尸灭迹。日军两次血洗潮河关，共杀害平民83口，烧毁民房360间，家畜家禽抢掠一光，制造了惨绝人寰的血案。

古北口沦陷后，日军强占了这里的土地。他们大肆修建兵营，构筑炮楼，长期驻守，将古北口作为日军侵略华北地区的桥头堡。当地百姓遭到驱赶，流离失所，无家可归。伴随武装占领，日本侵略者丧心病狂地进行经济掠夺，以达到其“以战养战”的目的。日军在这里设有很多捐税关卡，严格控制物资流通。古北口西沟桃园一带山区有座金矿，日军侵占后，立即设立“日本亚细亚金矿株式会社古北口金矿办事处”，强迫中国人为其开采。日本人还在古北口的学校推行殖民教育，用日语讲课，极力灌输奴化思想，妄图从文化上改造中国。

奉命接管

1945年8月8日，苏联对日宣战，迅速击溃盘踞在中国东北的日本关东军，将部队推进到热河、承德地区。9日，毛泽东发表《对日寇的最后一战》的声明，号召中国人民的一切抗日力量应举行全国规模的反攻，密切而有效地配合苏联及其他同盟国作战。八路军、新四军及其他人民军队应在一切可能的条件下，对于一切不愿意投降的侵略者及其走狗实行广泛的进攻。14日，苏军占领古北口。15日，日本天皇宣布无条件投降。而蒋介石却连续下达数道命令，让人民武装原地待命，由国民党军队接受日军投降。八路军、新四军坚决执行毛泽东主席、朱德总司令命令，对拒不投降的日军采取积极的作战行动。

9月2日，盘踞在平郊长城一线的日军依然顽固抵抗，不肯向八路军缴械投降。八路军冀热辽军区第14军分区下达命令，由承兴密联合县县委书记兼县支队政委李守善率领部队，接管古北口外围的墙子路和六道河子两个日伪据点。11日，李守善率队接管墙子路据点，命令日军交出所有枪支弹药，移交给当地民兵组织。接着，他又率队赶往六道河子日军据点，收缴了日军武器并移交给当地民兵，一把火烧掉炮楼。随后，李守善收到接管古北口的命令，立即召集县支队干部研究对策，认为苏军虽已占领，但形势依然复杂，任务十分艰巨，一点不能马虎。

12日，李守善率部急行军抵达古北口，没想到，苏军见李守善所率部队衣衫褴褛，误以为是土匪，便收缴了他们的武器。李守善通过翻译反复说明，我们是共产党、毛主席领导的八路军，是抗日的部队。苏军半信半疑，要求出示有关证明和毛主席的照片。无奈，李守善只好命令通信员快马加鞭赶回驻平谷的第14军分区，取来证明信和毛主席的照片，交给苏军师长乌里涅夫。见到证明信和照片，乌里涅夫非常高兴，与李守善亲切握手并对八路军表示欢迎。李守善不失时机提出，两军共同接受日军投降。乌里涅夫欣然同意。双方认真研究了受降过程，很快制订出方案。

联合受降

9月13日下午，是古北口人民永远铭记的高光时刻。日本兵营操场上，几百名八路军和苏军士兵围在四周。48名日军官兵被从马棚里赶出来，列队站在操场上。古北口的老百姓，如赶大集一般纷纷前来，站在外围观看。

仪式开始后，乌里涅夫举起手枪，朝天连开数枪。李守善首先代表抗日民主政府讲话。他说："今天我们在这里举行接受日本侵略军投降仪式，这是中国人民在共产党的领导下，经过艰苦奋战、流血牺牲换来的。对苏联红军参战，我们表示感谢！"随后，乌里涅夫也讲了话。操场上响起阵阵掌声和欢呼声。

日军驻古北口最高指挥官本野少将，先向受降的中、苏军队首长行军礼，转身喊了几句日语。日军掌旗士兵将日军军旗摆了几摆，翻了几下，放倒在地。本野又指挥日军将已经退去子弹的枪支双手举过头顶，一起跪在地上。之后，本野向中、苏军队首长递交了在黄布上书写的投降书和指挥刀。李守善和乌里涅夫在受降书上签字。地方民兵收缴了日军枪支，苏军将缴械的日军赶回马棚。前来围观的老百姓激动得流下泪水，发出阵阵欢呼："日本投降了！古北口解放了！"

光阴荏苒，遗迹犹存。古北口侵华日军投降地，不仅见证了日军侵华的累累罪行，也见证了中、苏两军接受日军投降的辉煌时刻。

（执笔：王晨育）

平北抗日根据地大庄科遗迹

平北抗日根据地大庄科遗迹位于北京市延庆区大庄科乡，主要包括“平北红色第一村”沙塘沟和霹破石村的昌（平）延（庆）联合县政府旧址等。1938年夏，八路军第4纵队奉命由平西挺进冀东，途经沙塘沟村时留下部分兵力开展游击战，先后发展6名农村党员，成立平北第一个农村党支部。1940年1月5日，昌延联合县政府在霹破石村成立，成为中国共产党在平北建立的首个抗日民主政权。1940年4月，晋察冀军区第10团挺进平北时，曾在沙塘沟取得反击战胜利。2021年3月，平北抗日根据地大庄科遗迹被列入北京市首批革命文物名录。

昌延联合县政府旧址

山乡燃起抗日烽火

延庆东南部群山绵延、长城巍峨，大山深处有个地方叫大庄科，这里是京郊著名的革命老区、红色山乡。抗日战争时期，八路军三进平北，深入大庄科、沙塘沟、霹破石一带开展游击战、开辟根据地，建立党支部和民主政权，在日伪统治的腹地燃起熊熊抗日烽火。

后七村建党建政

根据党中央关于以雾灵山为中心建立敌后抗日根据地的指示，1938年5月，八路军第4纵队挺进冀东，配合发动并领导冀东人民抗日武装暴动。

挺进冀东必须途经平北。为了开辟和控制这条通道，建立起平西和冀东两块根据地的联系，第4纵队抽调3个大队，组成多个工作队，分散进入延庆以南、昌平以北、潮白河以西地区开展游击战。所到之处，摧毁日伪据点，刷写大字标语，教唱革命歌曲，宣传抗日主张，并在条件较好的地区组织成立抗日村政权和自卫军等，当地军民抗日情绪空前高涨。后因日、伪军调集重兵“清剿”，好不容易打开的局面遭到严重破坏。

1938年10月，第4纵队由冀东返回平西，平北的部队也随之撤回，仅留下一个排与民运干部在后七村[①]一带坚持斗争。他们宣传抗日，发展党员，发动群众组织抗日救国会，并建立起一支百余人的游击队，活动范围覆盖延庆南部大部分山区。

---

① 即铁炉子、沙塘沟、慈母川、景而沟、里长沟、霹破石、董家沟七个村庄，原属昌平九区，因地处十三陵后山，俗称“后七村”。

因为日伪控制严密，很多活动不便公开，当时发展党员都是秘密进行，被称为“捅胳肢窝”。确定发展对象后，一般是悄悄捅一下胳肢窝，把人引到僻静处，才小声商量入党的事，还要求入党后要保守秘密，父母妻儿都不能告诉。村民问为啥要入党，工作队队员说为了打鬼子，有的听后二话不说就答应了。就这样，他们先后发展沙塘沟村的张福、张朴为共产党员，两人又介绍村里的张瑞、张银、张殿、胡殿鳌入党。不久，在一个隐蔽的山沟里，宣告了平北地区第一个农村党支部的诞生，为后来的抗日斗争播下了火种。

1939年6月，冀热察挺进军派出第34大队，再次进入后七村一带山区活动。因人员多、目标大，部队给养困难，加上伪满军和土匪轮番袭扰，部队坚持一个多月后又撤回平西。冀热察区党委和挺进军认真研究吸取两进平北的经验教训，决定先派精干的小部队到平北活动，站稳脚跟后，再陆续增加力量。

1940年1月，新组建的平北工作委员会和平北游击大队第三次挺进平北，并最先到达后七村。老百姓见到八路军归来，犹如重见天日，非常振奋，渴望八路军领导他们抗击日寇。在人民群众支持下，他们的活动以后七村为中心很快拓展开来，东到汉家川，南到十三陵，北到延庆川，西到铁路边。不久，昌（平）延（庆）联合县建立，下辖4个区，县政府设在群众基础较好的霹破石村。

县政府一成立，就提出“有力的出力，有钱的出钱，有枪的出枪”，积极建立上层统一战线，并发动群众在党的领导下团结抗日、建立根据地。3个月的时间里，游击队积极肃清后七村、十三陵一带土匪，袭击大观头村据点，歼灭白河堡日军一部，打了多次胜仗，队伍迅速扩展到5个中队600多人，为扎根平北山区奠定基础。

沙塘沟初战告捷

为了进一步开辟和巩固根据地，冀热察挺进军决定再派一个建制团开进平北，挺进军司令员萧克把任务交给了晋察冀军区第10团。

为完成这个光荣任务，第10团团长白乙化组织各级干部，详细分析研究平北地区情况，制订了周详的作战方案和应对措施。为隐蔽自己、迷惑敌人，第10团精简团后勤和卫生队，补充武器、弹药和医药品，将部队分成两批，梯次开进，对外称“平北游击第三大队”。1940年4月20日，参谋长才山、政治部主任吴涛率第3营及部分机关工作人员作为第一梯队，到达后七村一带与平北游击大队会合后，进入密云以北开辟新区，留下第9连在当地准备迎接团主力。

5月20日，白乙化率第10团主力部队作为第二梯队，突破平绥路封锁线挺进平北。他们到达沙塘沟村时，遭到伪满军第35团袭扰。28日上午，敌人调集驻扎永宁的1个营，装备机枪、火炮前来进犯，将第10团第1营从北、东、南三面包围。白乙化迅速研究沙塘沟村周边山势地形，立即做出战斗部署：命令平北游击大队联合第9连，依托地形阻截南来之敌，自己则率主力对东北来敌进行迎头反击。

战斗在沙塘沟村东北面一座山梁上打响。双方刚一交火就打得非常激烈，敌人倚仗人多势众和装备优势，连续发动7轮冲锋，企图一举消灭抗日武装。白乙化率部凭借有利地形，英勇顽强予以反击，打退了敌人一次又一次进攻。双方从上午一直打到太阳快落山，战况胶着之下，敌人见占不到便宜就趁天黑前撤退了。此战共击毙敌营长以下20余人，伤40余人。

沙塘沟反击战是第10团主力进入平北打的第一仗，以弱胜强，初战告捷，大大鼓舞了平北抗日队伍的士气，增强了当地人民抗战到底的信心，进一步扩大了八路军的政治影响。

黄土梁忠魂永驻

沙塘沟反击战结束后，第10团和平北游击大队分别东进、北上，继续开辟新的抗日根据地。第3营副营长赵立业率领第9连留在当地，掩护地方干部开展工作。

为配合主力作战，在昌延联合县县长胡瑛带领下，很快组建起一支30

余人的游击队，胡瑛兼任队长。游击队配合第9连，肃清后七村一带山头、据点的土匪汉奸，为百姓除害，赢得了民心。胡瑛还积极进行政权建设，将干部分成5组深入各村，组织抗日救国会，筹建区村政权。经过几个月的工作，先后建起以后七村为中心的中心区、十三陵区等5个行政区，下辖50余个行政村。其中，40多个村建立了党支部。1940年5月，昌延县县委书记徐智甫到任，进一步加强了昌延地区党的领导。

平北抗日力量的发展壮大，使敌人恐慌不安。1940年5月开始，日、伪军集中兵力对昌延地区进行拉网式大规模“扫荡”。赵立业率领9连运用游击战术与敌周旋。日、伪军寻不到八路军，就气急败坏地见人开枪，遇房放火，乡亲们被迫逃到深山野岭避难。当时粮食奇缺，县区干部白天随部队活动，晚上出山筹粮，常常是树叶充饥、溪水止渴，山洞为房、草窝为炕。昌延地区抗日斗争进入极其艰难的时期。

就在敌人连续“扫荡”搜山时，胡瑛接连收到第10团团长白乙化来信，催促赵立业率9连到外线作战。当收到第三封信时，胡瑛对赵立业说：“赵连长，前两封信都让我给压了起来，这第三封我不能再压了。”赵立业看完信说：“敌人天天‘扫荡’，我们一走，昌延县政府怎么站住脚，不如你带着干部跟部队一起走吧。”胡瑛说：“我是一县之长，县长不离县，离开不就失职了吗？我不能走。”

一天傍晚，胡瑛和通信员来到黄土梁老乡王金喜家，与徐智甫研究下一步的抗日工作，一直谈到天快亮才休息。清晨，100多名日、伪军突然包围场院，冲正在干活的王金喜喊：“哪一个？”“老百姓，轧场呢！”王金喜故意大声答道。胡瑛和徐智甫被外面动静惊醒，出屋一看见敌人，“叭叭”打了两枪，转身往山上突围。胡瑛跑到半山腰时，腿被子弹打中，跌倒在地。敌人一窝蜂冲上来，他举枪击毙两个伪军。敌人见无法靠近，便继续射击，胡瑛身中数弹倒在血泊中。徐智甫和通信员也在突围途中中弹牺牲。不久，新的县委、县政府领导班子继承他们的革命遗志，继续领导昌延人民开展抗日斗争，直到取得最后胜利。

从沙塘沟秘密成立平北第一个农村党支部，到建立昌延联合县政府，再到连成一片的平北抗日根据地，抗战军民谱写了团结一致、同仇敌忾的壮丽篇章。至今，大庄科乡域内仍保存着昌延联合县政府旧址、区公所、八路军司令部、疗养院、战斗旧址等大量抗战遗址遗迹，成为远近闻名的“红色大庄科”。

（执笔：李昌海　陈丽红）

人物纪念设施

张自忠故居

张自忠故居位于北京市西城区府右街丙27号（原西椅子胡同15号、椅子胡同4号），是抗日名将张自忠及家眷1935年至1937年在北平的住所。张自忠在此居住期间，以中国军队第29军第38师师长兼任察哈尔省主席、天津市市长，在日本人的步步紧逼下苦撑危局，在消极应付中积极打算、积蓄力量。

这是一处具有北京特色的四合院，占地10余亩，原有3个院落，后因市政建设扩展道路，被拆去一个院落。现为北京市自忠小学，由张自忠家属根据其遗愿于1948年开办。校内设有张自忠将军纪念像、张自忠将军生平展室，是西城区爱国主义教育基地、西城区文物保护单位。

北京市自忠小学内的张自忠将军纪念碑

从自忠故居到自忠小学

府右街北段路西一座古香古色的院子里，不时传来孩子们的琅琅读书声。这里原为抗日名将张自忠的故居。张自忠牺牲后，女儿张廉云、侄女张廉瑜根据他生前“我的遗产不留给子孙，要捐出去办点社会事业”的遗愿，于1948年初在东四五条34号创办自忠小学，同年夏迁至此地。70多年来，一批批孩子在这里茁壮成长，正如创办人张廉云所言：“得其所哉。”

身居要职　恪守清正家风

1935年春，北平西城的府右街椅子胡同4号，这座拥有百间房屋的院落，迎来了新主人——时任29军38师师长的张自忠。他和家人在这里，度过了两年多云谲波诡的日子。

椅子胡同为“丁”字形小短胡同，张家在胡同最西头，路南，是个“倒座儿”院，内有正院和西院、东院三个并排的院子。正院有7间北房，张自忠夫妇住东边两间，女儿张廉云与侄女张廉瑜住西边两间。长子张廉珍一家住西院。弟弟张自明一家住东院。

张自忠兄弟相处和睦，山东老家的亲戚也常来走动，宅子里非常热闹。在家的时候，张自忠常把最喜爱的两个小孙子——张廉珍的儿子张庆宜、张庆安叫到身边一起玩耍。闲暇之余，他也与家人逛公园，看京剧，登香山，日子过得其乐融融。

张家生活俭朴，吃的都是家常饭菜，无论谁过生日，都是一顿面条。张自忠常常教育子侄们要自立自强，不要仰仗父辈。张廉珍有一段时间闲居在家，张自忠便训诫他不要“家里蹲”，不要做“衣服架子”，要自谋生计。他常对孩子们说，要自谋生计，做对社会有用的人。一次，他跟张廉瑜说：“将来我死了，我的遗产不留给子孙，要捐出去办点社会事业。”[①]

此时的张自忠，虽然位高权重，却依然记挂着早年的战友。在西北军时，韩德元、韩占元、席液池和葛云龙等人，曾与他一同出生入死。中原大战后，西北军被改编，他们都失去兵权，赋闲在家。张自忠一如既往地同他们照常往来。1936年，他任天津市市长时，听说韩德元患了肺病，就带着张廉瑜、张廉云专程从天津到北平看望。

王醒民和于化庭是张自忠从军后结拜的兄弟，后来生活贫困，张自忠不时提供一些帮助。于化庭母亲去世时，张自忠不仅帮着张罗丧葬事宜，还带着孩子们去送殡，从新街口一直步行到东直门外的一个庙里，通过言传身教让子女明白“贫贱之交不能忘”的道理。

委曲求全　与敌伪周旋

西院的客厅是张自忠接待客人、谈论军政要务的地方。没人的时候，他常常久坐屋中，沉默不语。随着时局不断恶化，家人们都能感到他心事重重。

1935年5月，日本特务潜入察哈尔省绘制地图，在张北县被当地驻军扣留，宋哲元为避免引起事端，即令释放。6月，国民党当局与日本签订“秦土协定”，冀、察两省大部分主权丧失。不久，张自忠被任命代理察哈尔省军政事务。日军提出进驻察哈尔省会张家口大境门外的无理要求，张自忠立即调部队在大境门外45里的汉诺坝布防，严阵以待。日方见他态度强硬，又知38师骁勇善战，之前在龙门挑衅时就没讨到便宜，最终妥协，双方约定：以汉诺坝为缓冲地带，中方部队仍驻大境门外。

由于日本人步步紧逼、国民党当局妥协退让，张自忠只得消极应付、积极打算。消极应付指应付日本浪人和汉奸伪军，但他深知，总有应付不

① 张廉云：《真诚面对人生》，载中共北京市委党史研究室编：《并不遥远的记忆》，中央文献出版社2010年版，第262页。

下去的一天，因此积极打算，将主要精力放在补训部队、加强军备上。他特别注重射击和刺杀训练，常常与官兵摸爬滚打在一起；部队人员装备，他都亲自校点，该淘汰的淘汰，该补充的补充。全师有两个旅换成捷克式步枪，旧枪补充给新兵旅。每连补充轻机枪4挺、掷弹筒2门，每名连长配发德国造手枪1支，每班有枪榴弹2支。

张自忠任天津市市长时，强硬对付长期横行霸道的日本人，与日谈判中保护被日本特务逮捕的天津保安队成员张凤岐；多方收容被日本收买的无业游民，用釜底抽薪的办法，使汉奸便衣队无法利用他们兴风作浪；惩治殴打人力车夫的英国巡捕；打破《辛丑条约》旧规，推动所有外商都缴纳地方捐税。

由于日军频繁挑起事端，主政天津的张自忠只得与日本人谈判、敷衍周旋，也因此被民众误会，成为批评对象，甚至被斥为亲日派、汉奸。卢沟桥事变爆发后，弟弟提出全家去天津租界躲避。张自忠认为举家离平将带来不良影响，加剧社会混乱，于是坚决反对。随着战况日趋紧张，夫人李敏慧和弟弟托德高望重的一位前辈再次提出，他才勉强同意。7月20日前后，家眷分别从前门和东便门乘火车去了天津。这一走，就是9年。

7月28日，宋哲元带领大部队从北平匆忙撤退，张自忠则奉命留守北平。为掩护部队撤退，张自忠既要与日本人斡旋，又要与汉奸亲日派斗争。在最短时间里，他通知城内抗日骨干迅速撤离，安置大批受伤官兵和军队眷属，尽量拖延日寇进城时间。8月5日，他发表辞职声明，先后躲进东交民巷德国医院和美国友人家中，后化装逃出北平。

不久，张自忠率部奔赴抗日前线，先后取得两次临沂作战胜利和鄂北大捷、襄东大捷，被国人称为“活关公”，连日军也不得不佩服他。1940年5月16日，枣宜会战之际，他身中数弹仍浴血奋战，最终壮烈殉国，成为“二战”期间同盟国中职衔最高的阵亡将领。噩耗传来，夫人李敏慧悲痛欲绝，以致病情恶化很快去世。七七事变时的宛平县县长王冷斋写下凭吊挽词，赞誉张自忠的抗日壮举：“当年镇孤城，众口几成虎。旬日走边关，身危心更苦。忠贞本天性，谈笑见肺腑。临沂方一战，心迹也可睹。”

女承父志　创办自忠小学

1946年夏，正在上海复旦大学读书的张廉云回到阔别多年的北平。一个月前，她在复旦大学秘密加入中国共产党。这次回北平，是根据父亲遗愿，办些有意义的事情。开始，她想以父亲的名义办一家托儿所，后来在刘清扬的建议下，改为筹办小学。1948年初，她和共产党员齐淑容、堂姐张廉瑜一起，租下东四五条34号一所旧四合院，创办“北平市私立自忠小学”。由于收费低廉、教师水平高，学校开办不久便声名鹊起。

张廉云认为，用父亲名义创办的学校，应该设在故居。同年夏，大学毕业的她，回到北平任教。在征得叔叔、哥哥的同意后，学校迁到椅子胡同4号，并增开初中班，校名改为“北平市私立自忠学校”，当年秋季开学。

学校教师大多为大学毕业的进步青年，他们把学校办得有声有色。这其中，有8名共产党员，互相不知道身份，各自开展工作。北平解放前夕，这里成为北平地下党的“据点”，在掩护地下党、迎接解放等方面发挥了重要作用。

当时，学校由校长齐淑容、教导主任吴纯性和总务主任张廉瑜共同主持，生物教师薛成业，实际上是北平地下党中小学校委员会书记，许多事情齐校长都暗中向他汇报。北平地下党中学委员会委员黎光也在这里代课，以此掩护开展地下工作。齐校长是中国妇女联谊会成员，中国妇女联谊会北平分会副会长张晓梅和刘清扬、浦洁修等妇女界进步人士，经常来这里开会。

1948年底，平郊响起了解放的炮声。1949年1月中旬，北平党组织在自忠学校设立迎接北平解放委员会。不久，华北局城工部部长刘仁进城，到自忠学校听取汇报、布置工作，欢迎解放军入城的口号便是在这里提出的。负责中小学委工作的薛成业，更是以自忠学校为据点，召开会议，广泛联络，为迎接和平解放和接管中小学校，做了大量准备工作。

1月31日，北平和平解放。2月3日，自忠学校的师生们扭着秧歌，到天安门广场参加入城式。随后，学校的党员纷纷调出，走上了不同工作岗位，投身新中国建设。不久，张廉云担任校长，她多次请求将自忠学校交给国家。这年底，学校改为北京小学分校。1951年，张廉云调市委统战部工作，告别了这所与自己有着特殊感情的学校，离开了椅子胡同这座熟悉的院落。

后来，学校几易其名：府右街小学、椅子胡同小学、北京丰盛学校第三部（小学部）、光明小学，先后培养出1万余名小学毕业生。1988年11月，北京市政府根据人大代表提案，决定恢复自忠小学校名，张廉云、齐淑容等当年的教职员工纷纷回来参加挂牌仪式。

世事更迭，沧桑巨变。从张自忠故居到自忠小学，这座老宅犹如一棵枯木逢春的大树，日益焕发出强大的生命力。这既是张自忠遗愿的最好承载，更是它的最好归宿，可谓得其所哉！

（执笔：苏峰）

赵登禹将军墓

赵登禹将军墓位于今丰台区卢沟桥西道口京港澳公路西侧。墓体呈长方形卧式，长2米余、宽1米；墓碑为汉白玉材质，正面刻有“赵登禹将军之墓（1898—1937）”。1980年至2003年，赵登禹墓经历三次整修、扩建；2015年8月，赵登禹将军墓名列国务院公布第二批100处国家级抗战纪念设施、遗址名录；2021年3月，被确定为北京市第一批不可移动革命文物。

赵登禹将军墓

卢沟晓月照丹心

永定河边，卢沟桥畔，皎洁的月光映照在白色的大理石墓碑上，“抗日烈士赵登禹将军”几个大字赫然在目。赵登禹出身贫苦，但耿直倔强，武艺出众，一生骁勇善战，在民族存亡的关键时刻，临危受命，勇敢杀敌，壮烈牺牲于南苑战斗中。他的一生虽然短暂，但熠熠生辉。

大刀扬威　一战成名

赵登禹是武术之乡山东菏泽人，自幼拜师学艺，立志从军报国。16岁那年，他与同村伙伴一起步行900多公里，到陕西投奔冯玉祥的西北军，因作战勇敢、屡立战功，颇得上级器重，从一名传令兵一路擢升，至长城抗战前已成为一名旅长。

九一八事变后，日本侵占中国东北并扶植成立伪满洲国，进一步将矛头指向华北。1933年3月初，日军铃木师团3万余人进犯长城沿线。8日，29军37师109旅旅长赵登禹奉命率部驰援喜峰口。

此时，日军已经占领喜峰口东北高地。赵登禹率部抵达后立即投入战斗，冒死发起进攻，官兵们攀上险崖，冲锋肉搏，经过两个多小时激战，终于将该段长城夺回。日军失去阵地后，以猛烈炮火轰击中国守军，双方战至深夜。10日拂晓，日军倾巢出动，再次发起猛攻。赵登禹命令将士按兵不动，直到日军临近，他挥舞大刀，率先冲出，带领官兵与日军展开殊死拼杀。战斗中，赵登禹腿部中弹，仍坚持指挥。就这样，敌我反复冲杀，一些阵地失而复得，得而复失，双方伤亡都很惨重。

见敌我力量悬殊，赵登禹决定利用近战、夜战出奇制胜。11日夜，他忍住腿部伤痛，率部队携带大刀和手榴弹，夜袭日军营地。日军万没料到，在这漆黑的深夜中国军队会突然袭击。当中国将士手举大刀冲入敌营时，从睡梦中惊醒的日军士兵，眼见明晃晃的大刀飞舞，来不及反抗就成了刀下之鬼。赵登禹奋力砍杀，两口战刀的刀刃均被砍出了缺口。

喜峰口之战，使“大刀队”一举成名，109旅被扩编为132师，赵登禹晋升为该师师长[①]。南京国民政府向其颁发“青天白日勋章”。作曲家麦新为喜峰口之战谱写《大刀进行曲》：“大刀向鬼子们的头上砍去，全国武装的弟兄们，抗战的一天来到了……”这首铿锵有力、雄壮激昂的歌曲，很快就唱遍了华夏大地。

长城抗战期间，中国守军虽然英勇抵抗，无奈蒋介石奉行“攘外必先安内”的政策，一味向日本妥协退让，5月31日，华北当局被迫与日本签订《塘沽协定》。此后，得陇望蜀的侵略者积极策动华北五省[②]自治，并酝酿着更大的阴谋。

1934年10月27日，8名日本特务打着旅游的幌子前往多伦，途经张北城南门时，因既无证件又未经中国政府批准，被驻守的132师217团卫兵盘查，日本特务拒不配合，还侮辱中国卫兵。赵登禹获悉情况后，下令将日本特务带到师司令部讯问。为杀其威风，使其就范，赵登禹命令特务营挑选100名高大健壮的战士，持步枪上刺刀，10人一班，5分钟一换，轮流刺向距特务头部约一寸远的地方。特务被吓得魂飞魄散，跪地求饶，并立字据认错，赔礼道歉，这就是第一次张北事件。赵登禹的爱国行为，成为国人广为传颂的佳话。

驰援南苑　血洒疆场

如今南苑机场的一个角落里，锈迹斑斑的大红铁门里面还有一排青砖房子，这里曾是抗战时期南苑地区作战总指挥、132师师长赵登禹的司令部，

① 李忠慈：《赵登禹将军传略》，载中国人民抗日战争纪念馆编：《赵登禹将军》，北京出版社1992年版，第18页。

② 即河北、察哈尔、绥远、山西、山东。

也是南苑战斗中日军最重要的攻击目标。

卢沟桥事变后，日军大举增兵华北，对平津地区进行军事包围。7月26日，日军攻占廊坊后，积极准备向南苑进攻。南苑地处廊坊和北平之间，是通往北平的咽喉要道。此地若失，日军则可控制北平南郊，进而长驱直入永定门，占领北平城。宋哲元决定把驻守在河北的赵登禹部调到南苑，并任命他为南苑地区作战总指挥，与副军长佟麟阁共同负责前方防务。

接到命令后，赵登禹从冀中星夜赶往南苑。27日傍晚，赵登禹、佟麟阁等人开会研究，认为鉴于日军飞机连续轰炸廊坊、团河等地，南苑应加强防御，决定死守阵地、抗击敌人。佟麟阁说："既然敌人找上门来，就要和他死拼，这是军人天职，没什么可说的。"赵登禹也说："在喜峰口那次战斗中，我们还不是把他打得落花流水了，等着瞧吧！"与此同时，赵登禹的132师正在以急行军的速度赶往南苑。

28日凌晨，日军集中1个炮兵联队，20余架飞机，突然向南苑发起猛攻。部队立足未稳，被迫仓促应战，赵登禹和佟麟阁亲临前线指挥。南苑地势平坦，无险可守，在日军的狂轰滥炸之下，刚刚抵达的部队来不及疏散和隐蔽，即遭受重大伤亡。随后，日军又集结3个步兵联队，从东、南两面向南苑阵地再次发起进攻，另有一部日军同时切断南苑至北平的公路交通。一时间，南苑一带硝烟弥漫，部队之间联系中断，无法实现统一指挥。在敌强我弱的处境下，赵登禹亲自督战，他带领官兵沉着应战，顽强抗击，激战中身上又有多处负伤。

战斗胶着之时，军部令南苑各部队撤回城内。佟麟阁指挥撤退时，不幸被敌机枪射中腿部，后又遭敌飞机低空扫射，头部负重伤，壮烈殉国。佟麟阁牺牲后，赵登禹继续率部向城内集结，当他乘坐的汽车行至大红门御河桥外时，突遭埋伏在道路两侧的日军袭击，身中数弹，血流不止，仍指挥部队突围。不久，他又多处中弹。弥留之际，对身边的传令兵说："我不会好了，军人战死沙场原是本分，没什么值得悲伤的，只是老母年高，受不了惊慌，请你们替我安排一下，此外我也没别的心事了！"说罢，便停止了呼吸，牺牲时年仅39岁。

山河悲恸　英魂永存

佟麟阁、赵登禹的牺牲给29军造成极大损失，引起很大震动。宋哲元听闻噩耗，顿足大哭说：“断我左臂矣，此仇不共戴天！”国民政府发布褒扬令：“此次在平应战，咸以捍卫国家保守疆土为职志，迭次冲锋，奋厉无前，论其忠勇，洵足发扬士气，表率戎行，不幸深陷重围，死于战阵，追怀壮烈，痛悼良深！佟麟阁、赵登禹均着追赠为陆军上将。”“以彰忠烈，而励来滋。”

冯玉祥是赵登禹的老上级，当他得知老部下战死南苑时，悲痛不已，挥笔写下《吊佟赵》一诗：“食人民脂膏，受国家培养，必须这样死，方是最好的下场。后起者奋力抗战，都奉你们为榜样……”

赵登禹牺牲后，北平红十字会将他的遗体就地掩埋。因其生前说过“军人抗日有死无生，卢沟桥就是我们的坟墓”这句誓言，1945年抗战胜利后，赵登禹将军和29军抗日阵亡将士忠骸被迁葬于卢沟桥畔。1946年3月29日，北平市政府及各界人士在八宝山忠烈祠为二位将军举行入祠仪式。7月28日，北平市各界在中山公园举行公祭大会，大会由国民政府军事委员会汉中行营主任李宗仁主祭，国民党第十一战区司令长官孙连仲、北平市市长熊斌等陪祭，北平各机关、团体、学校的代表致祭，共同追悼两位抗日将军。1947年，北平市政府将崇元观往南至太平桥一段命名为赵登禹路，以示纪念。

新中国成立后，中央人民政府确认赵登禹为抗日烈士。英雄的一生虽然短暂，但他的事迹却让后人永远铭记。 正如当年《救国时报》对其评价的那样：“奋战至最后一滴血，光荣地完成了保国卫民的天职，足为全国军人之模范。”

（执笔：常颖）

佟麟阁墓

佟麟阁墓位于北京市海淀区香山脚下兰涧沟。墓地坐南朝北，宝顶为半圆凸形，四周树木环绕，安谧幽静。1937年卢沟桥事变爆发，第29军副军长佟麟阁率部英勇抵抗，壮烈牺牲，骸骨被暂厝于柏林寺，1946年移葬此地。新中国成立后，北京市多次修缮，并于1979年在墓前竖起汉白玉石碑，上刻“抗日烈士佟麟阁将军之墓”。佟麟阁墓为北京市重点文物保护单位，第二批国家级抗战纪念设施、遗址，北京市第一批不可移动革命文物。

佟麟阁墓

“给了全中国人以崇高伟大的模范”

“出师未捷身先死，长使英雄泪满襟。”1937年卢沟桥事变爆发，时任国民革命军第29军副军长的佟麟阁，在民族危亡的生死关头，率部与日寇浴血奋战，直至壮烈牺牲，成为全民族抗战爆发以后中国军队战死沙场的第一位高级将领。他马革裹尸，以死报国的大无畏精神，给中华民族树立了崇高伟大的模范。

赴国难南苑捐躯

佟麟阁出生于河北高阳这片英雄辈出的沃土。20岁那年，他怀着以天下为己任、精忠报国的雄心壮志，加入爱国将领冯玉祥部，历任连长、营长、团长、旅长、师长等职。

长城抗战期间，佟麟阁临危受命，代理察哈尔省主席兼张家口警备司令，治军理政，安定后方。1933年5月，他任察哈尔民众抗日同盟军第一军军长，积极配合北路前敌总指挥兼第二军军长吉鸿昌作战，先后收复康保、宝昌、沽源、多伦等失地，重创日军。抗日同盟军失败后，壮志未酬的佟麟阁，回到北平，隐居香山，等待时机。

1935年，“何梅协定”签订，华北危机加深。在第29军军长宋哲元的敦请下，佟麟阁出山，任第29军副军长，主持北平南苑军务。为了打造抗日精锐，佟麟阁命令各部队抽选骨干，组成大刀队，并聘请武术名家李尧臣担任武术教官，大大提高了将士们的白刃战本领。

1937年7月7日，日军挑起事端，制造了震惊中外的卢沟桥事变。8日下午，日军占领龙王庙和平汉铁路桥东段。佟麟阁闻报，当即下令：“要坚决抵抗，卢沟桥即为我等之坟墓，应与城桥共存亡！”众将士闻令奋起还击，夺回龙王庙和铁路桥，震撼了日军。

此后，在和平谈判的烟幕下，日军调兵遣将，准备大举进攻。27日，宋哲元下令南苑第29军军部迁入北平，任命第132师师长赵登禹为南苑地区指挥官，并通电全国，表达抗敌决心。佟麟阁本应随军部撤入城内，却主动要求坚守南苑。当天晚上，他与赵登禹等人商讨作战部署，并派出大批便衣到外围警戒，要求部队加强防御工事，积极做好应战准备。

28日晨，日军主力部队合围南苑，向29军发动猛攻。佟麟阁、赵登禹率部誓死坚守，战斗极为惨烈。下午1时，接到军部命令，南苑守军一律撤回北平城内。佟麟阁、赵登禹分头率部撤退。佟麟阁部跨过凉水河，到达大红门与红寺之间的南顶路，突遭日军阻击，转进时村后，又被日军包围。佟麟阁在指挥作战时，腿部受伤。部下劝他包扎伤口，他执意不肯，说：“情况紧急，抗敌事大，个人安危事小。”官兵深受感动，拼命冲杀。不幸，突围中佟麟阁头部中弹，壮烈殉国，时年45岁。

悼英烈国人同悲

激烈的战斗还在继续，官兵来不及掩埋佟麟阁的遗体，只好暂时隐藏在青纱帐内。7月29日，中国红十字会、冀察政务委员会秘书率领警察10多人，在时村一带找到他的遗体，只见他全身浴血，面部模糊，难以辨认。一行人看到如此惨状，无比哀痛，放声大哭。

北平沦陷后，为避免日军污损佟麟阁遗体，他的夫人将遗体寄放在雍和宫附近的柏林寺。老方丈敬重这位为国献身的民族英雄，冒着极大风险，保守寄柩秘密达8年之久，直到抗战胜利。

佟麟阁牺牲后，举国哀伤，对他的英雄壮举万众称颂。1937年7月31日，国民政府发布褒恤令，追授佟麟阁为陆军上将。冯玉祥是佟麟阁20年的袍泽，8月1日，他为悼念佟麟阁和赵登禹，作《吊佟赵》一诗：“……后起者奋力抗战，都奉你们为榜样。我们民族已在怒吼，不怕敌焰如何猖狂。最后胜利必在我方！最后胜利必在我方！……”

1938年3月12日，中国共产党举办追悼抗战阵亡将士大会，毛泽东称佟麟阁“给了全中国人以崇高伟大的模范”[①]。同年7月7日，延安举行抗战周年和抗敌阵亡将士追悼大会及抗敌阵亡将士纪念碑奠基典礼，毛泽东等中共中央领导人参加，到会群众达1万余人。会场庄严肃穆，主席台悬挂着孙中山及佟麟阁、赵登禹等人的遗像，遗像前摆放着花圈花环，两旁悬挂着挽联、挽词，寄托着延安军民的哀思。毛泽东的挽联是：“抗战到底，浩气长存！”朱德的挽词是：“抗日阵亡将士精神不死，把我们的悲痛化成坚持持久抗战的信念，踏着先烈的血迹前进，驱逐日本帝国主义出中国！”

抗战胜利后，1946年7月28日，为纪念佟麟阁、赵登禹殉国9周年，国民党政府在北平中山公园举行追悼大会和葬礼，将佟麟阁的遗骸从北新桥柏林寺移葬香山兰涧沟。同年，将北平西城的南沟沿命名为“佟麟阁路”，将通县十字街改名为“佟麟阁街”，以示纪念。

铸忠魂激励后人

佟麟阁在全民族抗战爆发之时，以“我以我血荐轩辕”的家国情怀，挺身而出，抗日御侮，为中华民族树起了一座不朽的精神丰碑。

他治军严明，恤兵爱民。常常用孔子“见利思义，见危授命”，岳飞“文官不爱钱，武官不惜身”等警句激励自己和官兵。常常说我们是为老百姓看家护院的，吃的穿的用的，都是他们用血汗换来的，老百姓的一草一木，谁也不能强取擅用，否则就是扰民。冯玉祥曾这样评价佟麟阁：“能克己，能耐苦，从来不说谎话。别人都称他为正人君子。平素敬爱长官，爱护部下，除了爱读书，没有任何嗜好。”

他品行高洁，忠孝为本。为培养孩子们的爱国思想，他经常讲述文天祥等民族英雄的故事，要求子女背诵先贤诗词，陶冶情操。卢沟桥事变发生后，父亲病重，家人多次催促他回家看看。虽近在咫尺，但他国而忘家，公而忘私，没有回去看父亲一眼，而是含泪捎信给妻子：“大敌当前，此乃

① 《毛泽东文集》第2卷，人民出版社1996年版，第113页。

移孝作忠之时，我不能回家亲奉汤药，请你代我孝敬双亲。”

他精忠报国，志如磐石。长城抗战期间，他遥望东北，面对山河破碎，深沉慨叹：“现在如果多几个岳飞这样的人，小日本哪敢这样猖狂?”主持29军军务后，他对人说：“中央如下令抗日，麟阁若不身先士卒，君等可执往天安门前，挖我两眼，割我双耳。”壮怀激烈，闻者无不热血沸腾。南苑战斗中，佟麟阁发出振聋发聩的慷慨陈词：“衅将不免，吾辈首当其冲，战死者荣，偷生者辱。荣辱系于一人者轻，而系于国家民族者重。国家多难，军人应马革裹尸，惟以死报国。”

佟麟阁是中华民族英勇抗击侵略者的楷模，千千万万中华优秀儿女的缩影。新中国成立后，毛泽东主席亲自为他和赵登禹、张自忠等人签发烈士证书。2009年9月，佟麟阁被评为100位为新中国成立做出突出贡献的英雄模范之一。

（执笔：乔克）

赵然烈士墓

赵然烈士墓位于房山区十渡镇西庄村。墓前立有一座石碑，正面刻有浮雕云朵和楷书“赵然烈士之墓”，背面为赵然烈士生平。抗日战争时期，赵然投笔从戎，先后担任房良、房涞涿联合县县委书记，领导军民开辟房良、发展涞涿、民主建政，发展抗日根据地，功绩卓然。1944年5月他病逝后，人们将其遗体安葬于他生前战斗过的地方，并在其墓前竖立纪念碑。2021年3月，赵然烈士墓被确定为北京市第一批不可移动革命文物。

赵然烈士墓

英风不愧燕赵的县委书记

赵然出生于房山李各庄村，1933年考入房山简易师范学校，曾担任学生自治会主席等职务。1936年他毕业回乡任教，阅读了大量进步书刊，接受中国共产党的政治主张，走上抗日救亡的道路。

开辟房良

卢沟桥事变后，日军侵占平津，房山、良乡沦陷，日军到处烧杀淫掠，无恶不作，不少村庄生灵涂炭，尸横遍野。面对日寇凶残野蛮的暴行，赵然悲愤满腔，发誓坚决抗日，雪耻报仇。八路军邓华支队挺进平西后，抗日的烈火熊熊燃烧起来，赵然毅然投笔从戎，离开家乡到南窑村参加抗日救亡活动。

1938年5月，房（山）良（乡）联合县抗日救国会成立，赵然担任组织部部长，不久由宣传部部长傅伯英介绍加入中国共产党。入党后的赵然信念更加坚定，准备把自己的一切献给党，献给民族解放事业。8月，房良联合县政府成立，赵然任组织部部长。随后，回到家乡开展工作。

根据平西地委指示，赵然深入各阶层群众，广泛宣传党的抗日救国“十大纲领”和抗日民族统一战线政策，反复宣讲“抗战则胜，不抗战则亡”的革命道理，动员组织进步知识分子和有志青年参军参战、筹粮筹款，有力支援了抗日前线。

1939年2月，赵然被任命为房良联合县县委书记兼县大队政委，肩上的担子更重了。他不畏艰苦，终日奔忙，组织领导各村建立抗日救国会、青年抗日先锋队、儿童团等群众抗日团体，扩大抗日武装，支援主力部队，为房良根据地的巩固和发展做了大量工作。

赵然高度重视党员发展和教育工作，先后介绍于进琛、晋耀臣等入党，组织举办有180多人参加的党员训练班，亲自给党员讲课，为党培养骨干，使党的组织以滚雪球的方式不断发展壮大。他还坚持到抗日高小为学生授课，讲授抗战的持久性和中国必胜日本必败的道理，使党的抗日主张在青少年心中扎下根，党在根据地的影响力不断扩大。

1940年5月，根据上级指示，赵然改任县委副书记。他一如既往，紧密团结县委同志，积极开展工作。6月，当选为县参议会议长和晋察冀边区参议员。他认真履行议长职责，团结上层进步人士和广大知识分子共同抗日，有力促进了房良地区抗日民族统一战线的初步形成。

锄奸袭敌

房良抗日根据地的蓬勃发展和人民群众高涨的抗日热情，引起日军恐慌。1940年秋，日军调集十万大军，向平西根据地发动大规模“扫荡”，不少抗日志士遇难，有些人则叛变投敌，当了可耻的叛徒、汉奸，平西形势骤然严峻。11月，发生了震惊平西的房良一区事变，由于叛徒出卖，造成县、区、村干部46人（党员27人）被捕，20人（党员16人）惨遭杀害。

面对血雨腥风，赵然毫不畏惧，激愤地写下“英雄自有英风在，血债还需血本还。寄语投敌诸叛逆，深仇清算待明年”[①]的诗句，发誓要与汉奸、特务、叛徒进行坚决斗争。他迅速查明事变原因，捉到叛徒王有才，亲自将其处死。

土匪头子石秀珠投靠日军后，经常带领手下抢夺民财、袭击抗日队伍，先后杀害房山一区区委副书记韩景义、组织部部长李兴通等。由于他狡诈多端，几次捉拿都没有成功。赵然和县委领导反复研究，决定借敌人之手，除掉这个祸及一方的汉奸。赵然以平西抗日救国会主任郭强的名义，连续

---

① 《赵然烈士墓碑及其生平事迹》，载中共房山区委史志办公室、房山区民政局:《房山烈士丰碑》，内部资料，第19页。

给石秀珠发去三封信。第一封信，劝说其改恶从善；第二封信，对其悔改表现表示欢迎；第三封信，对其戴罪立功提供日军兵力布防情况表示钦佩。这三封信均通过一名在南窖炮楼给日军做饭的地下交通员，送到日军小队长丘本手中。丘本不知是计，竟信以为真，一怒之下把石秀珠处决了。赵然智用反间计除掉汉奸的消息传开后，当地军民纷纷拍手称快。

张坊村是根据地前往平原产粮区的必经通道，日伪在这里建有据点，给抗日根据地工作带来很大困难。赵然在深入侦察、摸清敌情的基础上，在主力部队的支持下，率领县大队夜袭据点，一举歼灭了固守在这里的日伪军，拔掉了这个钉子，扫清了根据地通往平原的障碍。事后，他兴奋地赋诗一首："两列健儿行虎步，一腔热血涌心头。平原此去诛敌寇，誓与同胞雪宿仇。"

赵然还着手开展党组织恢复工作。他在上石堡村发展了人称"隗大胆"的隗合宽入党，并叮嘱其"上石堡地理位置重要，要与大草岭、下石堡搞好联防，把工作做好"。他在党支部书记和党员学习班上，总结一区事变的教训，并以上石堡党支部坚持斗争和堂上党支部叛变正、反两个典型事例为教材，教育党员干部要坚持革命、坚持斗争，在思想上渡过生死关。经过赵然等人的艰辛努力和勤奋工作，受到破坏的房良地区党组织得到一定程度恢复。

发展涞涿

1941年6月，平西地委决定将房良联合县与涞（水）涿（州）联合县合并，建立房涞涿联合县，赵然担任县委副书记。此时他已感染肺病，同志们劝他休息，他却说"重时理一理，轻时不管它"，依旧坚持带病工作。

由于日军疯狂"扫荡"，大片苦心经营起来的根据地重新落入敌手，一部分干部群众惶恐不安，甚至对抗战前途失去信心。为鼓舞革命斗志，房涞涿县委召开县区干部扩大会议，赵然在会上做报告。他向大家宣讲毛泽东同志的《论持久战》，并结合斗争实际，认真讲解内线与外线、包围与反包围的关系，指出只有开展敌后工作、打到外线去，才能巩固内线、扩大根据地，才能争取时局的好转。

会后，县委以区为单位，组织武工队，秘密越过封锁壕，深入敌后开展工作。赵然腿脚不好，县委不让他到危险的地方去。但他置个人安危于不顾，率领游击队和民兵300多人，活跃在龙泉一带，多次进行破袭活动，给敌人以沉重打击。

1943年，一场空前的旱灾席卷房涞涿地区，再加上敌人的经济封锁，根据地军民陷入重重困难之中。危急时刻，已升任县委书记的赵然，领导全县人民开展大生产运动，开荒种粮、种瓜、种菜，发展烧炭、采药、搞运输等副业，挖煤147000斤，割荆条132万斤，刨药材4300斤，收入57000元。在这最为困难的节骨眼上，赵然和广大干部群众一样，啃树皮，吃野菜，把节约下来的粮食捐献给贫困群众，进一步密切了干群关系，巩固了抗日民主政权。佃户刘帮志激动地说："共产党好！要不是共产党能有今天吗？共产党为我们穷人把法子都想尽了。"

长期的奔波劳碌，严重透支着赵然的身体。1944年3月，赵然突然晕倒，不得不到医院治疗。当医生要给他注射葡萄糖时，他坚决不让，要把药省下来给重伤员用。5月19日，赵然与世长辞，其遗体安葬在他生前战斗过的地方——十渡西庄村南幽静的山脚下。房涞涿县政府敬献挽联："开辟房良，发展涞涿，英风不愧燕赵；创建民主，巩固政权，功绩可谓卓然。"

新中国成立后，人们为了纪念赵然烈士，在其墓前修建了纪念碑。赵然英勇斗争、爱憎分明、鞠躬尽瘁的革命精神，永远值得我们铭记！

（执笔：史晔）

埃德加·斯诺墓

埃德加·斯诺墓，位于北京大学未名湖畔。墓碑为长方形白色大理石，上面镌刻着叶剑英题写的“中国人民的美国朋友埃德加·斯诺之墓”。斯诺是美国著名作家和记者，1928年首次来华，1933年到达北平，1936年访问陕甘苏区，著有《红星照耀中国》《大河彼岸》《远东前线》《漫长的革命》等，1941年离开中国。新中国成立后三次访华，对增进中美两国人民的友谊做出贡献。1972年在瑞士日内瓦逝世，家人按照其生前遗愿，他的一部分骨灰被运到北京，1973年10月19日安葬于此。

埃德加·斯诺墓

长眠未名湖畔的美国人

风景秀丽的北京大学未名湖畔，花神庙一侧的山坡上，有一处静谧的墓地。寒来暑往，时常看到师生及游人驻足于此，献上鲜花表达怀念与崇敬之情。这座墓的主人就是被毛泽东称为“中国人民的朋友”的美国著名记者、作家埃德加·斯诺。

“中国的事业也就是我的事业了”

埃德加·斯诺1905年出生于美国密苏里州堪萨斯市，1928年任职于上海的《密勒氏评论报》，1933年携新婚妻子海伦·福斯特来到北平，次年初兼任燕京大学新闻系讲师。他深切同情中国人民遭受外敌入侵的苦难，大力支持中国人民的抗战事业。

“一·二八”事变爆发时，为了拯救上海闸北车站旅客，斯诺把日军即将开进闸北的内部消息，告诉沪宁铁路站运输经理，建议从速疏散旅客和物资，使之免遭袭击。他还在街头抢救难民，冒着枪林弹雨采访。一次，在采访蔡廷锴将军后的归途中，斯诺摸黑走了3个小时。为躲避日军炮火，他在一座坟墓后蹲了将近1个小时，当爬着逃走时，发现帽子被子弹打了一个洞，险些丧命。

斯诺夫妇经常在北平家里接待爱国进步青年，向他们披露被国民党政府封锁的消息。学生们在这里阅读进步书籍，一起分析时局，讨论问题。一二·九运动中，斯诺夫妇鼓励学生们行动起来，反抗日寇吞并华北的阴谋。当天，他和诸多外国同行，深入现场采访，拍下很多珍贵的历史照片。斯诺夫妇还加入游行，和学生们手挽手行进在队伍前列。女学生陆璀被捕后，斯诺不顾自身安危，采访并写出著名的《中国的贞德被捕了》一文，把陆璀比作法国民族女英雄贞德，颂扬中国学生的抗日爱国运动。

七七事变后，日军大肆搜捕、迫害抗日爱国人士。斯诺夫妇挺身而出，为被迫害者提供力所能及的帮助。斯诺说："我的住所很快成了某种地下工作总部了，我肯定不再是一个'中立者'了。"[①]为方便爱国人士开展地下工作，他家还安装了一部短波无线电收发报机。斯诺还热情帮助避难者化装逃出北平，其中就有邓颖超。为解决避难者的吃饭问题，斯诺宁可自己掏钱，也不肯从为平西游击队变卖金银珠宝的所得款项中提取酬金。

1938年，为组织难民自救，动员失业人员组织起来生产军需、民用产品，斯诺夫妇与路易·艾黎等人发起成立"中国工业合作协会"（简称"工合"）。1939年初夏，"工合"在抗战大后方得到迅猛发展。9月，斯诺在延安当面向毛泽东介绍"工合"的情况，获得毛泽东支持。不久，陕甘宁边区召开生产合作社代表大会，一致通过将边区生产合作社纳入"工合"宪章。

为争取国际援助，斯诺曾在香港与东南亚各国间奔走，建立"工合"委员会分会，甚至为此花费个人积蓄。正如斯诺所说："现在，中国的事业也就是我的事业了。"[②]

从日战区到陕甘苏区

斯诺曾沿沪杭、沪宁、津浦、京沈、京哈等铁路沿线旅行采访，游历中国大地。在此过程中，他认真学习汉语，深入探究中国社会的政治、文化和历史问题，忠实记录下自己的见闻与思考，并将其发表出版，让世界了解真实的中国。

同情中国人民的苦难。斯诺在《"法西斯主义和共产主义之间"》一文中写道："在一小撮外国商人和当地的买办看来，三十年代也许是光彩夺目

① ［美］埃德加·斯诺著，夏翠薇译：《我在旧中国十三年》，生活·读书·新知三联书店1973年版，第89页。

② 张兆麟：《埃德加·斯诺，我的良师益友》，载刘力群主编：《纪念埃德加·斯诺》，新华出版社1984年版，第127页。

的。但是，在那个时期里，年年都有数百万人死于饥荒、水灾、时疫和其他一些本可以预防的灾难，年年都有数百万农民失去土地。”进而批判蒋介石政府不顾百姓疾苦，将大量钱财用于持续不断的“内战”。[①]在耳闻目睹了数以万计的中国儿童死于战乱和饥荒后，斯诺说：“这是我一生中的一个觉醒点，并且是我所有经历中最令我毛骨悚然的。”他不满国民党的白色恐怖，对官僚集团的贪污腐败极其反感，经常写通讯、发言论进行揭露，多次遭到当局的威胁、恐吓与制裁。

揭露日本法西斯暴行。斯诺看到日本人利用伪满洲国控制中国东北，愤怒地说：“难道任何一个国家有权夺取另一国的土地、财产和政权，仅仅因为这个国家的原政府是令人绝望的无能？”[②]在上海，他亲眼看到了日军所犯下的血淋淋的罪恶，在一篇题为《进攻上海》的通讯中，如实报道了不愿与日本人做生意的商人、实业家遭到绑架、袭击，甚至被满门杀尽的惨象。[③]他认为东北和上海的战争是第二次世界大战的实际发端。他批评蒋介石的不抵抗政策，并警示说这可能助长德国、意大利的法西斯主义野心。斯诺还根据对九一八事变、一·二八事变的实地采访，写出专著《远东前线》，向世界揭露日本帝国主义的侵华罪行。

传递陕甘苏区抗日斗争的心声。斯诺曾从北平前往陕甘苏区，采访毛泽东、朱德、周恩来等中共领导人，深入了解红军将士的战斗和生活情况。回到北平后，他潜心创作，写下轰动世界的《红星照耀中国》(又名《西行漫记》)一书，展示了中国共产党为民族解放而艰苦奋斗和牺牲奉献的精神，击破了国民党种种歪曲、丑化共产党的谣言，向世界传递了中国共产党的抗日主张和坚定决心。毛泽东曾说：“《西行漫记》是真实报道了我们的情况，介绍了我们党的政策的书，这本书是外国人报道中国革命最成功的两

---

① 埃德加·斯诺：《“法西斯主义和共产主义之间”》，载埃德加·斯诺著，宋久、柯楠、克雄译：《斯诺文集》(第1集)，新华出版社1984年版，第162页。

② [美]约翰·马克斯韦尔·汉密尔顿著，沈蓁、沈永华、许文霞译：《斯诺传》，学苑出版社1990年版，第42页。

③ [美]洛伊斯·惠勒·斯诺编，王恩光、申葆青、许邦兴、乐山、欧阳达、王学源译：《斯诺眼中的中国》，中国学术出版社1982年版，第54页。

部著作之一。”[①]

1941年，皖南事变发生，斯诺因报道事变真相，遭国民党政府“制裁”，被迫离开中国。

长眠北大情系中国

20世纪50年代，由于中美关系还未解冻，美国政府禁止一切美国人到中国访问，并下达不准出版有关中国书籍的禁令，斯诺被迫举家迁往瑞士定居。后来，他还三次对新中国进行访问，受到毛泽东、周恩来等老朋友的亲切接见，写下《大河彼岸》，拍摄《四分之一的人类》纪录片，向世界介绍中华人民共和国，并主张美国对华友好。

1972年2月，斯诺在瑞士寓所病倒，中国政府派医护小组前往探望，会同其私人医生一起救治。2月15日，斯诺逝世，享年67岁，这一天正好是中国农历大年初一。闻此噩耗，毛泽东、周恩来、宋庆龄等领导人十分悲痛，分别发唁电表示哀悼。毛泽东在唁电中说：“斯诺先生是中国人民的朋友，他的一生为增进中美两国人民的友谊进行了不懈的努力，作出了重要的贡献。他将永远活在中国人民心中。”[②]

斯诺在遗嘱中写道：“我爱中国，我希望死后有一部分留在那里，就像生前一贯的那样……”遵其遗嘱，妻子将他的一部分骨灰送到中国，墓地选在他曾经生活工作过的北大未名湖畔。这里也是他当年前往陕甘苏区的出发地，也是《红星照耀中国》一书的写作地。他的骨灰安葬仪式于1973年10月19日举行，仪式由邓颖超主持，周恩来、廖承志等参加。2009年，埃德加·斯诺被列入100位为新中国成立做出突出贡献的英雄模范人物。

（执笔：贾变变）

① 吴亮平：《给斯诺翻译毛泽东的谈话》，载尹均生编：《斯诺怎样写作》，湖北人民出版社1986年版，第49页。

② 见《人民日报》1972年2月16日头版。

马云龙烈士墓

马云龙烈士墓位于怀柔区长哨营革命烈士陵园。马云龙（1917—1941），河北遵化人。1938年，参加八路军游击队。1940年初，加入中国共产党。同年春，随冀热察挺进军第10团开辟平北，先后任丰（宁）滦（平）密（云）联合县第八区工作员、第十三区区长。1941年8月，牺牲于长哨营槟榔沟，当地乡亲将其遗体秘密埋葬。1966年9月，大沟村党支部将马云龙烈士墓迁至村外阳坡上，并重建烈士碑。1992年9月，长哨营乡党委、乡政府将马云龙烈士墓迁入长哨营革命烈士陵园。

马云龙烈士墓

威震敌胆的抗日英雄“小白虎”

北京怀柔至河北丰宁的111国道旁，有座长哨营革命烈士陵园。入口处耸立着一座高约4米的大理石纪念碑，55座烈士墓整齐排列，在苍松翠柏的映衬下庄严肃穆。这些烈士，仅有两人留下姓名，被当地百姓誉为“小白虎”的抗日英雄马云龙就是其中一位。

单枪匹马勇闯匪穴

马云龙原名马玉龙，河北遵化人，十几岁就给地主扛长活，吃尽了苦头。1935年底，大汉奸殷汝耕在通州成立伪“冀东防共自治政府”，统辖冀东22县，遵化亦在其中。1938年，冀东发生抗日大暴动，21岁的马玉龙不甘心当亡国奴，毅然加入八路军游击队，并改名马云龙。

马云龙在游击队作战勇敢，不怕吃苦，很快就赢得战友们的认可。游击队被编入八路军冀热察挺进军第10团（以下简称10团）后，他先后任警卫员、突击排长等职，并被送到平西学习3个月，其间光荣加入中国共产党。

1940年4月，10团奉命挺进平北，开辟抗日根据地。6月，丰（宁）滦（平）密（云）联合县成立。为加快建立各级抗日民主政权，10团抽调40多名干部到地方帮助工作，马云龙被派到八区任工作员。翌年春，他调任十三区（长哨营、喇叭沟门一带）区长。

马云龙到任后，立刻深入群众，了解民情。喇叭沟门夹皮沟有股土匪，经常骚扰百姓，群众对他们敢怒不敢言。但这些土匪都是穷苦人出身，并非十恶不赦。得知这一情况，他决定把这股土匪争取过来，变害为利。当时有人劝他，不要冒这个风险，弄不好是要送命的。他坚定地说，为了抗日，死而无怨。

这一天，马云龙没带一兵一卒，单枪匹马进到夹皮沟。土匪一见他正气凛然地走进来，心中感叹，八路的干部还挺大胆。马云龙和土匪头子拉家常，讲道理，耐心引导，反复劝诫，只讲得土匪点头称是，表示要改邪归正，再也不扰民，和八路一起打鬼子。后来，这股土匪走上抗日道路，被编入八路军正规部队。

马云龙经常冒着生命危险，突破日伪封锁线，昼伏夜行，跋山涉水，走村串户，宣传抗日，发动群众，乡村政权很快建设起来。到1941年下半年，喇叭沟门一带几乎所有村庄都建立了抗日救国会或“两面政权”。

乔装打扮痛击日伪

丰滦密联合县十三区，地处伪满洲国西南部，属于日伪“绥靖”治安区。区内岗楼林立，特务横行，设有汤河口伪警察署、长哨营伪警察所、喇叭沟门伪警察所3处据点，驻有1个“讨伐队”，共300余人，整个地区戒备森严、封锁严密。

马云龙不畏凶险，神出鬼没，出入敌营。他多次将标语传单贴到伪警察所墙上，抛撒到日伪驻军院内，搅得敌人寝食难安。他多次闯入敌人据点，抓捕屡教不改者，打击汉奸特务，威震十三区，被当地百姓称为“小白虎”。

一天，古洞沟村有个财主大办丧事，下帖请了当地日伪头目。马云龙化装成乞丐，假装看热闹，将外围放哨的一个伪警察逼到一边，向他申明民族大义，宣讲共产党的抗日政策。良心未泯的伪警察心灵受到触动，表示今后决不与八路军为敌，向马云龙透露了一些情况，并给了他一些子弹。

坐镇长哨营伪警察所的，是杀人不眨眼的日本军官田中。伪警察所壁垒森严，是十三区抗日斗争的绊脚石。为消灭这股日、伪军，马云龙决定深入敌巢，侦察敌情。他先拜访二道河村的一位地方开明绅士，请教良策，然后率游击队扣留家住二道河村的一个伪军。经过教育，这个伪军愿意为八路军做事，并给马云龙搞了套日本军装。一天，马云龙在这个伪军的陪同下，扮成日本教官，大摇大摆地进入伪军指挥部进行侦察，获得了第一手情报。

为搞到武器弹药等军用物资，马云龙还曾多次乔装打扮，闯入伪军据点。一次，他扮成商人，气定神闲地来到喇叭沟门伪警察所，见几个伪警察正在一间屋里围坐闲谈。马云龙闪身进屋，掏出驳壳枪，指向伪警察头目的脑袋，怒目圆睁，大声吼道："不许动，我是马云龙，谁动打死谁!"伪警察们惊愕不已，吓得浑身哆嗦。这时，马云龙又动之以情，晓之以理，劝他们不要继续为鬼子卖命。伪警察们连连点头称是，感谢马区长不杀之恩，并乖乖地交出100多发子弹，附上400元钱。

一次，马云龙和通信员到八道河村发动群众，晚上留宿抗日堡垒户王振山家。第二天清晨，民兵前来报告：从喇叭沟门那边下来两个骑毛驴的伪警察。马云龙灵机一动，计上心来，他带通信员来到村外一片高粱地。这两个伪警察到汤河口伪警署办事，路过此地。两人在八道河村公所歇脚喝水，又骑上毛驴、哼着小曲，继续赶路。

伪警察正洋洋得意，晃晃悠悠，骑驴走到村外。忽然间，一声"缴枪不杀"在头上炸响，两个身影跳出青纱帐。两个伪警察被吓得魂飞魄散，滚下驴来，跪地求饶。马云龙厉声问道："你们是不是中国人?"伪警察战战兢兢地称"是"。马云龙继续质问："是中国人，为什么当亡国奴，糟蹋中国人？你们要是有中国人的良心，就要枪口对外!"伪警察连连点头。马云龙和通信员押着两个伪警察前往区政府。

身陷重围英雄喋血

盘踞在十三区的日、伪军，对马云龙恨之入骨，高价悬赏捉拿，四处疯狂搜捕，欲除之而后快。

1941年8月的一天，马云龙正在二道河村开会。汉奸带着长哨营的日、伪军警包围了会场。他们一边打枪，一边吼叫"捉活的!"马云龙为了保护群众，带领游击队队员冲在前面，一边高声喊着"乡亲们先撤"，一边向敌人射击。

乡亲们爱戴这位抗日斗争的领路人和主心骨，说啥也不愿意先走，反而组成人墙，拼命地保护马区长，围着他向外冲。在乡亲们的誓死掩护下，马云龙终于冲出了包围圈，但左臂挨了一枪。

当天深夜，马云龙转移到大沟村槟榔沟小北岔疗伤。一个汉奸发现了他，向日、伪军告了密。第二天拂晓，鬼子田中带着特务、伪警，分三路包围小北岔。警惕的马云龙听到动静，纵身出门，钻进玉米地。敌人紧追不舍，马云龙不幸胸部中弹，子弹打光，英勇牺牲。残暴的敌人把他的头颅铡了下来，悬挂在长哨营村头示众3天，后又送到承德伪警务厅领赏。

马区长牺牲的噩耗传来，十三区的群众悲痛万分。大沟村群众冒死收殓烈士遗体，连夜葬于槟榔沟门的岩根儿下。

日、伪军听说马云龙的遗体被秘密掩埋，第二天便窜进大沟村，抓了很多村民，逼他们交出马云龙的遗体。村民异口同声，坚称不知遗体下落。恼羞成怒的敌人，威逼利诱，严刑拷打，村民宁死不屈，坚不吐实。敌人无可奈何，只好悻悻而去。

为纪念马云龙，1966年，大沟村党支部把烈士的坟墓迁至村外阳坡上，重新立碑，上书“马云龙烈士之墓”。1992年，长哨营乡党委、乡政府修建革命烈士陵园，把马云龙和分散于长哨营乡境内的革命烈士遗骨移葬于此。如今，“小白虎”马云龙烈士的传奇故事，仍在当地百姓中广为流传！

（执笔：宋传信）

老帽山六壮士纪念碑亭

老帽山六壮士纪念碑亭位于北京市房山区十渡镇十渡村。碑亭为六角攒尖顶重檐式，内立石碑坐北向南，方首方座。碑阳铭刻“为中华民族解放事业英勇献身的六壮士永垂不朽”，碑阴刻有老帽山六壮士的抗日事迹。1943年4月，6名八路军战士为掩护军、政机关和老百姓转移，在这里与日、伪军殊死搏斗，弹尽后英勇跳崖，壮烈牺牲。1984年2月，共青团房山县委员会和中共十渡乡委员会、十渡乡人民政府，在烈士们曾战斗和牺牲的老帽山上建此纪念碑亭。

老帽山六壮士纪念碑亭

“壮士峰”上的英雄丰碑

十渡村北，马安村南，一座雄伟险峻的山峰耸立于群山之中，它因外形酷似老人帽子，得名“老帽山”。山顶处，“壮士峰”三个鲜红的大字分外醒目。老帽山六壮士纪念碑亭就矗立在半山腰上。置身松涛喧响中的纪念碑亭，我们仿佛又听到了当年6名八路军战士与日、伪军殊死搏斗的枪炮声和厮杀声……

舍生忘死的英勇阻击

1943年，日军为建立太平洋战场的后方基地，对华北抗日根据地进行疯狂“扫荡”。当时的平西根据地是晋察冀根据地的北部屏障，紧扼日、伪军北上、南下、西进的交通要道，因而成为日寇“扫荡”的重点目标。

4月的一天，日军第63师团部分日军纠集伪军共300余人，从霞云岭出发，经过马安村向十渡方向袭来，“扫荡”目标是附近区域的八路军冀中军区第10军分区指挥机关、兵工厂、医院和平西二区区公所等。得知消息后，八路军马上进行坚壁清野，组织转移。

为给转移争取时间，10分区27团立刻派出一个排的兵力，埋伏在老帽山山腰处，准备伏击日、伪军。老帽山是马安村到十渡的必经之地，地形对打阻击极为有利。这天，战士们潜伏在半山腰，严阵以待，密切关注着日、伪军的动向。

天刚蒙蒙亮，敌人的尖兵出现了，后面跟着打着“膏药旗”的日、伪军大部队，大摇大摆地沿公路向南行进。待敌人进入有效射程，排长一声令下：“打！”机枪和步枪喷着火焰向敌人猛烈射击，手榴弹吱吱冒烟飞向敌群。日、伪军被打了个措手不及，乱作一团，瞬间就有十余人被毙伤。

日、伪军惊魂稍定，发现八路军兵力不多，于是以机枪为掩护，兵分两路，左右夹击而来。

排长将战士们分成两个战斗小组，分头阻击，相互配合。敌人又一次被击退，死伤多人，滚下山去。日、伪军不甘失败，重新组织兵力，发动了一次又一次的猛烈进攻，战斗进入了白热化。

此时的十渡地区，军政机关和物资、人员还在转移。排长动员道：我们必须血战到底，不能后退一步，为根据地军民转移争取时间！

面对十倍于己的敌人和武器装备上的劣势，八路军战士毫无惧色，前仆后继，英勇阻击。有的牺牲了，依然保持着作战姿态；有的身负重伤，趴在阵地上，依然为战友递送弹药；有的中弹受伤，简单包扎一下，依然坚持战斗……日、伪军一次次冲上来，又一次次被打下去。这一仗从天亮一直打到中午，尽管八路军伤亡惨重，但有效地阻击了敌人，为根据地人员和物资撤离争取到了宝贵时间。

宁死不屈的英雄壮举

到了下午，排长看了看时间，阻击任务完成了，预定的撤退时间到了，遂组织后撤。就在这时，意外的情况发生了。熟悉当地地形的汉奸队，发现八路军没有在老帽山北侧的一个山头设防，就带领一股日、伪军攀上山去，居高临下，从侧翼发起进攻，挡住了八路军后撤的道路。战场形势顿时恶化，排长指挥战士边打边撤。经过一番激战，大部分战士壮烈牺牲，少数安全撤离，阵地上只剩下6名战士，为掩护战友撤退，身陷日、伪军包围。

6名战士发现已经无法撤离，便决定与日、伪军死拼到底。敌人在机枪的掩护下，向八路军阵地猛扑过来。战士们一次次把敌人打退，直到打完最后一颗子弹，用尽最后一颗手榴弹。

战场瞬间宁静下来。日、伪军不明情况，不敢贸然冲上来，生怕其中有诈。日军头目心中疑惑，便命令一伙伪军前来试探。战士们看到敌人一步步靠近，搬起地上的石头迎头猛砸。几名伪军被砸得头破血流、鬼哭狼嚎，滚了下去。日军头目这才明白，八路军已经没有了弹药，于是下达命令：“捉活的！”指挥部队蜂拥而上。

战士们一次又一次搬起石头砸向敌群。敌人步步紧逼，战士们步步后撤，身后就是陡峭的悬崖，已无路可退。战士们互相看了看，眼神里透露出沉着坚毅、视死如归的光芒，手挽手从容地站在悬崖边。

一个伪军头目大喊着：“投降吧！皇军优待俘虏。”战士们誓死不降，齐声高呼“打倒日本帝国主义！”然后转身跳下悬崖。日、伪军被八路军的英雄壮举惊呆了，不敢相信看到的这一幕。

平西抗战的生动缩影

看到六壮士跳崖的日、伪军，半晌才缓过神来，赶忙扑向十渡，却发现为时已晚，村中的人员和物资早已安全转移。气急败坏的日、伪军，在村里大肆放火，烧了400多间房子，悻悻地空手而归。

敌人撤走后，乡亲们在老帽山下找到血肉模糊的六壮士遗体，含着热泪，将他们就地集体安葬。他们是哪里人？他们叫什么名字？他们多大了？遗憾的是，由于战斗频繁、部队经常转移，难以查询，大家只知道他们有一个共同的名字，叫八路军。从此后，人们把老帽山的主峰称为“壮士峰”，并在山顶刻写下“壮士峰”三个朱红大字。英雄虽然无名，但他们的抗战事迹迅速传遍了十里八乡，激励着当地青壮年投身抗战，为英烈报仇雪恨。他们有的参加了八路军，有的加入了游击队，奋战在杀敌前线。

1984年2月26日，共青团房山县委和十渡乡党委、乡政府，在老帽山建立了老帽山六壮士纪念碑亭，以表达人们对6位无名烈士的悼念之情。碑上“为中华民族解放事业英勇献身的六壮士永垂不朽”21个大字，熠熠生辉。碑文写道：“1943年春，我八路军六壮士在老帽山阻击战中，与日寇英勇搏斗，弹尽后宁死不屈，跳崖就义。特建此碑，以志纪念。”

2014年，房山区将老帽山六壮士墓迁至平西无名烈士陵园。自此，老帽山六壮士与其他在抗日战争时期光荣牺牲的700余名无名烈士相伴，一起长眠于巍巍青山之中。

2021年3月，老帽山六壮士墓被列入北京市第一批不可移动革命文物名录。如今，老帽山六壮士纪念碑亭和老帽山六壮士墓，已成为重要的爱国主义教育场所。

（执笔：范晓宇）

古北口七勇士纪念碑

古北口七勇士纪念碑位于北京市密云区古北口镇南关外古御道旁。1933年，古北口长城抗战中，担负帽儿山观察任务的中国军队第17军25师145团7名战士，为掩护主力转移，拼死阻击日军，在毙伤敌100余人后，全部壮烈牺牲。2013年8月，北京市密云区人民政府修建纪念碑，碑高3.5米，碑体为白色大理石材质，正面镌刻“古北口长城抗战七勇士纪念碑”，背面刻有他们在帽儿山英勇阻敌的悲壮事迹。

古北口长城抗战七勇士纪念碑

帽儿山上“七青松”

古北口古御道旁，一座威严高洁的烈士纪念碑矗立于青山绿水之间。每逢清明节和中国人民抗战胜利纪念日，纪念碑前总是摆满簇簇鲜花，聚集着四面八方前来悼念的民众。人们面向纪念碑鞠躬致敬，缅怀古北口长城抗战中七勇士惊天地，泣鬼神的英雄事迹。

古北口防线激战

1933年3月，日本关东军兵分数路进犯热河南部长城各关口，长城抗战全面爆发。中国军队第17军奉命北上，支援驻防古北口、密云的第67军。3月8日夜，日军第8师团2万余人，开始向古北口外67军107师阵地发起进攻。第17军所属第25师师长关麟征和副师长杜聿明立即率部昼夜兼程，于10日子夜抵达古北口。与67军会师后，连夜商定，67军112师张廷枢部防守第一道防线古北口正关和长城。17军25师防守第二道防线关城——龙儿峪一带。

25师73旅145团团长戴安澜受命镇守第二道防线东翼的龙儿峪阵地。他仔细观察地形，目光聚焦在一处叫“帽儿山”的小高地。此地东望侧翼战场——龙儿峪长城，北眺古北口长城最高点将军楼，西瞰古北口，南侧山脚下就是龙儿峪沟口通往南天门的唯一通道，地理位置极佳。帽儿山是座几十米高的帽子形小山包，山顶东西长不到20米，西侧南北宽不足3米，东侧宽不足5米，南、西、北三面有许多凸起的岩石，构成三面天然掩体。“帽檐”儿面是光秃秃的峭壁。火炮在山脚下无法直瞄山上，只有东北角一条小路可以攀爬，是一处易守难攻的绝佳之地。

戴安澜转身望着部队，挑出7名年轻的战士，并临时任命一位代理班长，对他们说:“你们前往帽儿山设立观察哨，发现日军动向，立即用电话向团指挥部报告。记住，没有我的命令，不许撤退!”

10日一早，日军进攻古北口第一道防线，凭借火力和装备优势，迅速攻占了蟠龙山制高点370高地和将军楼。

11日敌我双方投入5个建制团的兵力，继续争夺将军楼两侧阵地。日军同时还向第二道防线龙儿峪一带推进，炮火将中国军队掩蔽的长城墙体炸得砖石横飞。面对来势汹汹之敌，同仇敌忾的中国将士不惧飞机大炮的轰击，冒着硝烟烈焰、枪林弹雨奋起抵抗。关麟征亲赴阵前指挥，身体5处受伤，被担架抬下阵地。杜聿明代理师长，继续指挥作战。

12日，日军大量后援部队和重炮、装甲车投入战斗，担任第一防线正面阻击的112师所部难以支撑，先行后撤。下午3时，25师主力也因寡不敌众，相继向古北口以南的南天门方向撤退。

掩护主力扼守孤山

日军猛烈的炮火将帽儿山观察哨的电话线炸断，7名战士与团部失去联系。戴安澜率主力部队紧急南撤时，无法通知到他们。

随着中国守军主力撤离古北口，战场上的枪炮声、厮杀声逐渐稀疏下来。日军发现中国军队的南撤动向，立刻组织先头机动部队追击。7名战士发现日军开始向南天门方向快速移动，判断团主力可能已经后撤。怎么办？如果此时迅速撤下山追赶部队，便会顺利地与主力会合。但是，他们耳边响起了团长“没有我的命令，不许撤退”的声音，所以依然坚守在哨位，全神贯注地紧盯着日军的一举一动。

面对严峻的战场形势，初战失利的中国军队只有安全转移至南天门，才有机会组织反击。7位20岁左右的年轻人商量了一下，决定放弃最后一线生机，凭借这一“天险”死守日军追击的必经之路，宁可流尽最后一滴血，也要拖住敌人。这是戴安澜所没有想到的，这7名战士已不是单纯的观察哨兵，而成了“过河之卒”，承担起阻敌的重要任务；帽儿山也不再是一个无名的小高地，而成为影响双方战局的关键。

当一支日军车队从龙儿峪沟口行驶到帽儿山脚下时，七勇士立刻发起攻击，子弹、手榴弹一齐飞向车队。车辆有的爆炸起火，有的撞向路旁，顿时乱作一团。日军四散隐蔽，用机枪试探性扫射，很快发现攻击来自帽儿山上，立即组织仰攻，随即遭到战士们一轮排射，十几颗手榴弹砸了下来，大大小小的石块也从山上滚落，日军又倒下一片。

初战失利后日军调整部署，从帽儿山东北角小路开始第二轮进攻，当爬到半山腰时，又被山顶的机枪扫射击退。山上的战士们借助有利地形，充分发挥有限火力。他们瞄准上山的崎岖小路，等敌人爬到狭窄处时，再集中火力猛烈射击，打得日军接二连三地从半山腰滚落下去。

一向骄横的日军原本认为只要一冲锋，装备劣势的中国士兵就会放弃阵地逃跑。他们打错了算盘，帽儿山的中国士兵非但没有撤退，反而顽强阻击了两轮，抵挡了三四个小时。指挥进攻的日军少佐误以为阻击的中国军队规模不小，遂下令停止进攻，命令先将帽儿山全面包围，等待后援部队到来。小小的帽儿山，一时间成为日军难以逾越的“天堑”。

7位勇士深知，这里的阻击多坚持一分钟，南撤的主力就会多一线战机。他们用一挺轻机枪和步枪、手榴弹，将日军一个中队的兵力牢牢“粘”在了帽儿山，从而牵制住一个联队的机动部署。

英雄壮举感天动地

不久，日军调来多架飞机从东向西对帽儿山进行几轮轰炸，并盘旋扫射，还增调1个中队的兵力，用4门迫击炮和9挺重机枪猛攻。小小的山包顿时陷入一片火海之中，弹片夹杂着石块横飞。狂轰滥炸后，日军认为帽儿山上不会再有生命存在，他们再一次冲上来，当爬到几十米的地方，又被山上射来的一排子弹压制下去。恼羞成怒的日军指挥官不惜冒着部队被误炸的风险，下令后方重炮远程轰击。一阵震耳欲聋的炮火之后，山顶的枪声逐渐停了下来。七勇士中的幸存者用尽最后力气，撑着遍体鳞伤的身躯，缓缓举起刺刀和石块，与冲上山顶的日军肉搏，直至壮烈牺牲。日军小队长带领30余名士兵清理战场，一息尚存的代理班长掷出最后一枚手榴弹，毅然拔刀自戕殉国。日军猝不及防，包括小队长在内的多人被炸死。这场兵力对比悬殊的阻击战，七勇士共毙伤日军100余人。

打扫战场的日军震惊地发现，这个经受住飞机大炮轰击的弹丸之地，居然只有7位中国军人把守。七勇士牺牲后倒在山顶不同位置，遗体没有一具是完整的。有的被炸得血肉模糊，有的肢体不全却紧抱武器保持战斗姿态。面对如此惨烈的景象，在场的日军无不被七勇士视死如归的忠勇气魄所折服，被他们的铮铮铁骨和不屈英魂所震撼。日军将七勇士的遗体抬到山下一处较为平整的地方，挖坑摆放整齐后埋葬，并在墓前竖起了一块方棱木牌。战后的日军文件中，详细记载了七勇士的事迹，对中国军队的顽强战斗精神给予极高的评价。

战火硝烟远去，烈士浩气长存。虽然我们始终无法得知帽儿山七勇士的真实姓名，但他们的家国情怀和民族气节，将永垂青史、激励后人。

（执笔：朱磊）

白乙化烈士陵园

白乙化烈士陵园位于北京市密云区石城镇河北村。1940年5月，八路军晋察冀军区第10团团长白乙化，率部挺进平北，深入云蒙山地区，开辟丰（宁）滦（平）密（云）抗日根据地，并率部转战长城内外，有力打击了日伪。1941年2月，白乙化在指挥马营战斗中壮烈牺牲，年仅30岁。1984年，密云县人民政府修建白乙化烈士陵园，占地面积3000平方米，入口建有6米高的石牌坊，园内有纪念碑、白乙化半身雕像等。2006年7月，园内建成白乙化烈士纪念馆，设白乙化生平事迹展览。陵园1995年公布为北京市文物保护单位，2009年公布为北京市爱国主义教育基地。

白乙化烈士陵园

碧血沃幽燕　青山埋忠骨

密云西部的降蓬山下，白河环绕之处，有一座苍松翠柏掩映的烈士陵园，这里安葬和纪念的是抗日英雄白乙化。烽火连天的抗战岁月中，白乙化曾率部在这里纵横驰骋，为开辟和巩固平北抗日根据地做出不可磨灭的贡献，书写了平郊抗日斗争的英雄传奇。

开辟丰滦密根据地

1938年起，根据中共中央指示，八路军深入冀热察地区开展抗日游击战争，相继开辟了平西、冀东抗日根据地。为了形成“巩固平西、坚持冀东、开辟平北”的战略格局，1940年5月，晋察冀军区第10团团长白乙化奉命率主力，赴平北开辟根据地。

白乙化是辽宁辽阳人，他少时便树立救国救民的志向，先后就读于东北讲武堂、北平中国大学，其间加入中国共产党。九一八事变后，他回乡组织抗日义勇军“平东洋”，英勇善战，威震辽西，人称“小白龙”。后队伍被国民党军遣散，白乙化返回北平中国大学复学。1936年，他受党组织委派到绥远，任绥西垦区工委书记，并建立抗日先锋总队。1939年2月，白乙化率部奉调平西抗日根据地，编入冀热察挺进军。

第10团被派往平北，是八路军第三次开辟平北根据地。这里处于伪满洲国、伪蒙疆和伪华北3个伪政权的接合部，地跨长城内外，日伪重兵驻守。之前八路军两次短暂进入，都因环境险峻未能长期立足。白乙化深知任务的艰险，他请来曾到过丰滦密根据地的挺进军政治部主任伍晋南给大家介绍情况，召集干部召开会议仔细研究进军可能遇到的问题，决定实施梯次推进、点线面结合的策略，并制订了详细周密的进军方案和应变措施。4月底，第3营和团部部分工作人员，作为第一梯队，经昌平北部，进入密云水川地区，开展游击活动。约1个月后，白乙化率团主力，作为第二梯队，进至沙塘沟与第3营会合。立足未稳，他们就与来犯的伪满洲国军（简称“伪满军”）发生了一场激战，毙伤敌营长以下40余人。挺进密云途中，他们在南天门又遭遇伪满军，歼敌1个排，并攻克琉璃庙据点，俘虏伪警察40余人。6月初，全团1000余人成功深入密云境内，着手开辟丰滦密根据地。

八路军开进平北，引起日、伪军高度警戒。鉴于敌强我弱的态势，第10团采取“以外线游击掩护内线开辟”的策略。为了吸引敌人，白乙化亲率团主力大张旗鼓跨出长城，杀入伪满洲国境内。他运用机动灵活的游击战术，忽东忽西，纵横驰骋，1个月内连克滦平五道营、司营子、小白旗、虎什哈等日伪据点。接着，率部隐匿行军，摆脱日、伪军“追剿”，几天后突然出现在百里外的丰宁县，向大草坪据点发起强攻。驻在这里的伪满军有1个营的兵力，装备精良，一开始10团被对方猛烈火力压制。白乙化不顾危险，拿起几颗手榴弹，用他独创的投弹手法，精准投向机枪射击口，一举炸掉炮楼。此战全歼伪满军1个营，有力震慑了日伪。

白乙化从机关和各营、连、排抽调得力干部，与少数地方干部组成40余人的工作团，分头到白河两岸开展工作。在外线游击作战创造的有利条件下，工作团广泛深入发动群众，宣传抗日，破除伪保甲制度，把丰滦密地区人民从日伪统治蹂躏下解放出来，很快开辟了4个区。6月，冀热察区党委派工作人员到密云，正式建立中共丰滦密联合县工作委员会和县政府。

白乙化从部队抽调大批干部参加地方工作，积极发展党员、建立党组织，各村建立抗日民主政权，成立抗日救国会、农会、青年抗日自卫军等群众组织，有力增强了当地人民群众抗日救国的信心。他多次为联合县举办的救国会干部训练班讲课，题词勉励学员“勇敢工作，坚（艰）苦学习，领导广大群众，为民族解放事业奋斗到底!”大批青年踊跃参军，部队得到充实壮大，从两个营扩编为3个营。第10团还帮助建立白河游击队、四海游击队等区级地方武装，向他们赠送枪支，组织游击队开展军事训练，壮大了根据地抗日力量。从此，八路军在丰滦密站稳了脚跟，打开了开辟平北的新局面。

反“扫荡”作战

白乙化率部多方转战，又善于学习，积累了丰富的游击斗争经验和军事指挥才干，指挥上沉着坚毅、镇定自若，战斗中冲锋在前、身先士卒，带领第10团在丰滦密有力打击日伪，“小白龙”的威名传遍平北。

为打破华北日军对根据地实行的“囚笼政策”，第10团配合百团大战，两次奉命破袭连接伪满洲与伪华北统治区的交通命脉平古（北平—古北口）铁路。1940年8月下旬，白乙化率团出击平古铁路，先后攻克小营车站，奇袭九松山据点，烧毁程各庄铁路大桥，使敌人的运输一度中断。设伏芹菜岭，全歼日军一个小队，取得进入丰滦密以来第一次歼灭成建制日军的战绩。9月，配合第二阶段作战，再次出击平古铁路。白乙化运用声东击西战术，先派人有意传出八路军冀东部队将要过潮河的消息，造成围攻石匣据点的假象。敌人见状急忙抽调军队北上增援，这时第10团却突然南下，乘虚直捣怀柔火车站，焚毁了车站运输军火的车辆。两次作战，历经56次大小战斗，共毙伤俘敌400余人，缴获大批军用物资，受到晋察冀军区表扬，被授予奖旗一面。

为了摧毁新生的丰滦密抗日根据地，1940年9月11日到11月28日，日、伪军纠集4000余兵力，报复性地对密云白河两岸中心地区反复“扫荡”。针对敌强我弱、四面被围的形势，白乙化采取“敌进我退，到外线去打击敌人，开辟新地区”的战术，安排第3营留下坚持内线，保卫根据地；自己亲率第1营，转移到外线，乘虚插入敌后。

平北游击战争条件十分艰苦。这期间正是深秋时节，山地苦寒，加上游击作战补给困难，部队吃不饱穿不暖，有时日夜行军作战一个月难得脱下鞋子睡个囫囵觉……训练场上，他和战士们一样摸爬滚打，战斗中，他带头冲锋陷阵。白乙化坚守“健全自己，影响旁人”的格言，严于律己，对待战士亲如手足。生活上，他和大家同吃同住，从不允许别人为他搞特殊，还把上级分配给他的骡子让给伤病员骑。全团上下一心，克服困难，先后在水堡子、梨树沟、二道沟、石门子等地进行了几十场战斗，新开辟了长城外贾峪、黄峪口和白河以东上甸子、半城子、不老屯、兵马营等大片地区。

鉴于丰滦密根据地初创、武装力量薄弱、党政工作基础还不够牢固，白乙化着力巩固已开辟的根据地。白乙化狠抓部队建设和整训，带领大家认真学习毛泽东《论持久战》等文章，缜密研究分析敌我情况，引导大家从敌人器张气焰中看到其虚弱本质，从困难中看到光明未来，有效提振了士气、鼓舞了信心和斗志。同时，他注重加强抗日统一战线建设，指导指战员对伪满警察大队展开政治攻势，到处书写和散发“中国人不打中国人”“联合起来打倒日本帝国主义”“打回东北老家去”等标语传单，成功争取他们，有的投诚起义，有的成了我们在敌军的内线，有力瓦解分化了日、伪军。

“生不回平西，死不离平北”

白乙化矢志“为民族解放事业奋斗到底”，挺进平北时曾许下“生不回平西，死不离平北”的铮铮誓言。尽管平北形势愈加艰难，但他坚信，只要指挥有方、官兵一致、军民齐心，一定能创造新局面。1941年农历春节前后，他组织召开军政干部会议，提出向北继续推进、创建新的游击根据地的目标。

正月初九，伪满滦平县警务科科长关直雄带领讨伐队170余人，从滦平琉璃庙据点出发，到丰滦密五区白河川一带“扫荡”。白乙化接到敌情，得知日、伪军于拂晓前偷袭县游击大队，正兵分两路追来，已接近马营以北的鹿皮关。白乙化随即命令第3营抢占鹿皮关西南的高山，居高临下拦截敌人。他亲率第1营赶到鹿皮关以东，指挥夺下已被占领的山梁，将敌人困在白河两岸至鹿皮关一线，准备聚歼。激战中，白乙化几次抵近前沿指挥战斗，率部击毙和俘虏100多名日、伪军。战斗即将结束，退守长城烽火台的部分残敌，仍在用机枪负隅顽抗。白乙化站在降蓬山上，手持令旗，指挥第1营发起冲锋。突然，从烽火台射来的子弹击中白乙化头部，他倒在阵地上再也没有站起来。

白乙化的牺牲，令抗日军民至为悲痛。丰滦密县政府和第10团召开了隆重的追悼大会，党政军民3000余人参加。挺进军《告全军同志书》高度评价白乙化坚持冀热察抗战的功绩，军民同唱第10团战友们编写的《悼白乙化同志歌》，气氛悲壮肃穆。“为白团长报仇”的口号此起彼伏，追悼大会成为丰滦密军民继承烈士遗志、驱逐日寇的誓师大会。随后，挺进军任命第1营营长王亢接任团长，率领全团指战员，继续开展反“蚕食”、反“清剿”、反“无人区”的斗争，终于使根据地渡过难关并发展壮大，直至迎来最后胜利。

壮志未酬身先死，唯有英雄恸山河。1944年5月，丰滦密县政府在马营西山脚下，为白乙化竖立一块刻有“民族英雄”的石碑，以志纪念；解放战争时期，密云潮河以西地区曾命名为乙化县。2014年，白乙化被列入第一批著名抗日英烈和英雄群体名录。2020年，白乙化烈士陵园被列入国家级抗战纪念设施。

（执笔：陈丽红）

邓玉芬主题雕塑广场

英雄母亲邓玉芬主题雕塑广场位于密云区石城镇张家坟村，占地12.9亩。雕像高5米，花岗岩材质，基座为山石。雕塑正面刻有“英雄母亲邓玉芬”7个金光闪闪的大字，四周7只和平鸽展翅翱翔。邓玉芬雕像立于山岩上，手拿布鞋，臂挎布衣，寓意着“慈母手中线，游子身上衣”，表达了她对亲人和人民子弟兵的殷殷牵挂。2012年广场建成后，人们来到这里，缅怀这位英雄母亲，感受她的革命精神。广场成为北京市和密云区开展爱国主义教育和革命传统教育的重要阵地。

邓玉芬雕塑

云蒙山的英雄母亲

抗战的艰难岁月，风雨如磐的密云，有这样一位普通的农村妇女，丈夫和5个儿子相继牺牲在抗日沙场。天一样大的悲痛，山一样重的打击，都没有挡住她不屈的脚步。她毅然顽强地参加抗日斗争，终于等到了抗战胜利的那一天。她，就是被人们称作“英雄母亲”的邓玉芬。

母亲叫儿打东洋

云蒙山深处，水泉峪村庄，1891年，邓玉芬出生在这个小山村的穷苦人家。婆家位于相邻的张家坟村，也是穷苦的庄稼人家。邓玉芬婚后和丈夫任宗武借住亲戚家，靠租种地主的几亩地过活，含辛茹苦地养育了7个儿子。她坚信只要勤劳节俭，家里人丁兴旺，日子总有一天会好起来的。

1933年长城抗战失败后，密云县处于伪满洲国和伪华北政府的接合部，西北部长城以外地区属伪满洲国滦平县，长城以内地区属伪华北密云县。邓玉芬的家乡地处长城以外，被强行划入伪满洲国，成了亡国奴。邓玉芬虽然没有文化，可就认这个死理儿：“我们是中国人，不是‘满洲国’人，谁做了对不起中国人的事，就是对不起老祖宗。”

1940年春，八路军冀热察挺进军第10团奉命挺进平北密云西部山区，开辟丰（宁）滦（平）密（云）敌后抗日根据地。邓玉芬的家乡来了八路军，他们宣讲抗日道理，字字句句说到她的心坎上，她越听心里越敞亮，懂得了只有中国人抱成团儿，拿起刀枪打鬼子，才能救国救民。

6月，第10团招募青年，组织成立白河游击队。邓玉芬跟丈夫说：“咱没钱没枪，可是咱家有人。不能出财力，咱们可以出人力，在打鬼子这件事情上，绝对不能含糊。把儿子们叫回来打鬼子吧！”于是，大儿子任永全、二儿子任永水被叫回来，成为白河游击队的首批战士。9月，在外扛活的三儿子任永兴，受不了地主的欺压跑回家来。邓玉芬知道游击队正缺人手，毫不犹豫地又把老三送到了队伍上。

1941年秋，日、伪军沿长城一线大搞“集家并村”，制造“无人区”，妄图切断人民群众与八路军的血肉联系。日、伪军一路烧毁村庄，强行驱赶百姓“集家并村”。为防止百姓出逃，日、伪军修筑数米高的围墙，严加封锁，百姓愤怒地称其为“人圈”。邓玉芬响应党的号召，开展反“无人区”斗争。斗争环境最残酷最艰难之时，她让丈夫把四儿子、五儿子也叫回来，参加了抗日自卫军模范队。

痛失至亲志更坚

1942年2月，中共丰滦密县委和县政府提出“誓死不离山”“誓死不进人圈”等口号，发出“哪怕只剩下一个村庄、一座山头，也要坚持到最后胜利”的号召。游击队和地方干部始终坚守根据地，给了山区人民以极大的鼓舞。

3月，邓玉芬和许多村民决定重返“无人区”搞春耕。她让丈夫带着两个儿子先回山里搭窝棚。谁知丈夫走后不久，竟传来噩耗：丈夫和四儿子永合、五儿子永安，遭日、伪军拦截，丈夫和五儿遇害，四儿被抓。一夜之间，父子三人死的死，抓的抓，作为妻子和母亲，怎能不悲痛欲绝！然而，坚强的邓玉芬没有被吓倒，更没有屈服。亲友们劝她不要再进山，“无人区”里太危险。她摇摇头，拉起两个小儿子，坚定地说：“走，回家去。姓任的杀不绝，咱和鬼子拼了！”她又回到了张家坟附近的猪头岭，搭棚安家，没日没夜地开荒种地。

同年秋，大儿子任永全在保卫盘山抗日根据地的一次战斗中英勇牺牲。1943年夏，被抓的四儿子任永合惨死在东北的鞍山监狱。这年秋，二儿子任永水在战斗中负伤，因伤情恶化而牺牲。

白发人送黑发人，一个接一个的沉重打击，邓玉芬都咬牙挺住了。只是，往日性格开朗的她，变得沉默寡言起来。但春种秋收，做鞋做袜，照料伤员，她样样都干在前边儿。猪头岭上邓玉芬的家，成了八路军伤病员的疗养所，干部战士的家。邓玉芬把战士们当成了自己的亲儿子，为他们烧水做饭、缝补衣服，为伤病员喂汤喂药、接屎接尿。她和家人以粗糠、树叶、野菜充饥，把省下来的粮食送给八路军。战士们都知道，在密云的猪头岭有一个家，家里有一位坚毅、善良的“邓妈妈”。

1944年初春，日、伪军为了清除“无人区”的抗日力量，封锁猪头岭一带，疯狂“扫荡”7天7夜。小六儿跑丢了，她背着刚满7岁的小七儿躲进一个隐蔽的山洞里。

小七儿由于饥寒交迫，开始发烧。小孩子不懂事，哭闹着要回家吃饭。日、伪军又来搜山了，附近的山洞里就藏着区干部和乡亲们。邓玉芬哄小七儿不要哭，答应他过一会儿就有吃的了。可是刚刚7岁的孩子，哪受得住疾病和饥饿的双重折磨，忍不住大声哭闹。敌人越搜越近，邓玉芬情急之下，从破棉袄里扯出一团棉絮，塞进小七儿的嘴里。日、伪军终于下山了，她急忙抠出小七儿嘴里的棉絮，摇着脸色青紫的孩子，连声呼唤着。好半天，小七儿才缓过气来，泪眼巴巴地望着妈妈，费劲儿地吐出几个微弱的字：“妈，我饿，我饿。”她多想出去找点吃的，救救孩子，可她不能不顾藏在附近的干部和乡亲们啊！当天晚上，连个大名都没有的小七儿，便死在妈妈的怀里。

眼睁睁地看着幼子死在怀里，自己却无能为力，这对一个母亲是多么沉重的打击啊！邓玉芬坐在小七儿的坟头儿前，哭得撕心裂肺，让人心碎。这哭声既是对小七儿的愧疚和思念，更是对日寇的满腔愤怒和仇恨。

邓玉芬不愧为云蒙山的伟大女儿，她再一次战胜了失去儿子的剧痛，重新站立起来：“我要顽强地活下去，要继续斗争下去，要亲眼看到抗战胜利的那一天！”

1945年8月15日，日本宣布投降。邓玉芬眼含热泪，告慰九泉之下的丈夫、大儿、二儿、四儿、五儿、七儿：“咱们胜利了！”

风范长存

为把日本侵略者赶出中国，邓玉芬的丈夫和5个儿子献出了宝贵生命。她是丈夫的好妻子、儿子的好母亲、云蒙山的好女儿，党和人民没有忘记她对革命做出的贡献。

新中国成立后，党和政府在生活上给了邓玉芬很好的照顾，为她盖了两间瓦房。1961年春节，她光荣出席了北京市烈军属代表大会，受到北京市委书记彭真等领导同志的接见。

有一年，政府派人接邓玉芬到城里住，她去了几天就硬要回家，临行前工作人员陪她逛了不少商场，并转达领导的话，要她买些需要的东西由国家开支，但她只是饱了饱眼福，一分钱的东西也没买。她说："政府对我那可是一百一，我很知足。眼下不缺吃不缺喝，怎能再给国家添麻烦。"

1970年2月5日，邓玉芬因病不幸逝世，享年79岁。临终前，她嘱咐公社干部和亲人，别把她埋在深山里，把她埋在大路边，她要看着10团的孩子们回来。

为了纪念这位英雄母亲，传承邓玉芬的伟大爱国精神，2012年，密云县委、县政府在石城镇张家坟村，修建了"英雄母亲邓玉芬"主题雕塑广场。此后，前来瞻仰英雄母亲的人络绎不绝。

2014年7月7日，习近平总书记在纪念全民族抗战爆发77周年大会上提到："在这场救亡图存的伟大斗争中，中华儿女为中华民族独立和自由不惜抛头颅、洒热血，母亲送儿打日寇，妻子送郎上战场，男女老少齐动员。北京密云县一位名叫邓玉芬的母亲，把丈夫和5个孩子送上前线，他们全部战死沙场。"

巍巍云蒙山，潺潺白河水。邓玉芬的雕像在广场上高高耸立，日月为她扮装，风雨为她洗尘。云蒙山的优秀女儿，人民子弟兵的英雄母亲，永远活在人们心中。

（执笔：高俊良）

窑湾烈士纪念碑

窑湾烈士纪念碑位于北京市延庆区井庄镇窑湾村村西山坡，系中共延庆县委、县政府为纪念1940年牺牲的昌（平）延（庆）联合县第一任县委书记徐智甫、县长胡瑛和通信员程永忠三位烈士，于1984年4月修建的。纪念碑坐西朝东，碑身为白色大理石，周围建有汉白玉石围栏，碑座由花岗岩和汉白玉砌成，碑正面镌刻着“青史先烈写，红旗后人擎”。1985年，纪念碑被列为延庆县文物保护单位；2021年3月，被北京市文物局确定为市级第一批不可移动革命文物。

窑湾烈士纪念碑

碧血丹心映昌延

松柏苍翠，鲜花簇拥。一座烈士纪念碑耸立在延庆区东南部窑湾村村西的山坡上。这里长眠着抗日战争时期牺牲的昌延联合县第一任县委书记徐智甫、县长胡瑛和通信员程永忠三位烈士。每逢清明时节，许多当地群众和学生前来祭奠，缅怀他们的英雄事迹和爱国精神。

进入平北建立新政权

窑湾村地处平北的中心区，是伪华北临时政府、伪蒙疆政府、伪满洲国政府三个伪政权接合部。抗日战争相持阶段，这些伪政权为配合日军镇压抗日军民，划定军管区，设立“国境”线，重兵屯驻、巡逻警戒，这一地区遭受日伪统治最为残酷。

开辟平北抗日根据地意义重大。平北就像一座山，有了它平西根据地北部就有了屏障；又像一座桥，有了它平西和冀东根据地才能连通、相互支援。然而，要在这样一块早已沦于敌手、日伪统治极为严密的地方，建立根据地和抗日民主政权，犹如“虎口夺食”。

八路军曾先后两次挺进平北，均因敌我力量悬殊、给养难以解决、地方工作薄弱，未能立足。但在平北广大地区播下了革命火种，唤醒了人民群众的觉悟，培养了一批抗日积极分子，为后来根据地的开辟打下一定基础。1939年11月，中共冀热察区委和八路军冀热察挺进军，提出了“巩固平西、坚持冀东、开辟平北”的战略方针。为开辟平北，这年年底，中共平北工作委员会（简称“平北工委”）和平北游击大队在平西成立。

1940年元旦刚过，平北工委组织胡瑛等20多名从延安来的干部，在平北游击大队的掩护下，从平西出发，第三次挺进平北。经过两天两夜300多里的艰苦行军，于1月5日到达延庆霹破石村，并迅速成立昌（平）延（庆）联合县政府，胡瑛任县长。这是平北根据地第一个联合县政府，负责在昌平、延庆接界地区建立敌后根据地。

胡瑛是一位红军战士，先后参加过中央苏区第四、第五次反“围剿”和长征。他们到达平北后，冀热察区党委和挺进军根据“逐次增兵”的方针，先后派八路军10团1营、3营和团直属队、挺进军特务连等部队开进平北，粉碎了日、伪军8次“扫荡”，为联合县政府打开局面提供了有力保障。

扎根昌延巩固根据地

在日、伪军的疯狂“扫荡”下，延庆霹破石村一带房屋被烧，粮食被抢，许多村庄饿殍遍地，荒无人烟。

当时在昌延联合县一带日本华北方面军建有20余个据点，加上几十股土匪，粮食几乎被抢光，昌延联合县的干部和八路军有时一天都吃不上一顿饭。但胡瑛还是先带领县政府干部，深入到十三陵后山的霹破石、里长沟、慈母川、董家沟、景而沟、沙塘沟、铁炉7个被称为“后七村”的村庄，了解近两年八路军两进两出后，日、伪军报复造成的损失情况，饿着肚子向群众发放救济款和救济粮。通过耐心细致的工作，逐渐取得了群众的信任，消除了大家担心八路军再次离开的忧虑，纷纷表示愿意跟着联合县政府一起抗日。

为了打开局面，1940年2月上旬的一天晚上，胡瑛在霹破石村召开县政府干部会，分析昌延斗争形势说:“同志们，敌人天天‘扫荡’、搜山，我们要抗击敌人的进攻，开辟抗日根据地，必须有自己的武装，没有武装斗争，是站不住脚的。”会议决定以武装斗争开路，立即组建昌延联合县游击大队。经过积极动员，不到一个月，就有40余名青壮年报名参加，胡瑛兼任大队长。

游击大队首先配合八路军主力部队，扫清匪患，尤其是十三陵一带十几股土匪，为当地百姓除了大害。接着，又拔掉了盘踞在联合县的一些日伪据点。2月18日，夜袭大观头据点，俘获伪军19名，缴获步枪18支、手枪2支、子弹和手榴弹各1箱。又将马场川莲花滩据点70多名日、伪军逼退到延庆县城。这些胜利，扫清了开辟根据地的障碍，进一步坚定了联合县军民的抗日决心，为刚组建的联合县政府在平北站住脚跟打下了基础。

昌延联合县各村也建立起自卫军（民兵），县设总部，胡瑛兼任总队长。自卫军主要任务是站岗放哨、查路条、送情报，积极配合八路军、游击队开展游击战争。在组织开展武装斗争的同时，胡瑛还大力加强根据地基层政权建设。县政府将干部分为5个组，每组2至3人，深入乡村，发动群众。很快建立了中心区、十三陵区、台自沟区、马场区和隐蔽区5个行政区政权，任命了区长，中心区区长由胡瑛兼任。

在近4个月时间内，胡瑛带领县区干部几乎走遍了昌延联合县的村镇，每到一村，他们都大力宣传共产党的抗日救国主张和统一战线政策，动员地主乡绅参加抗日。先后在50余个村建立了村政权及群众抗日组织，很快使昌延联合县成为平北地区一块稳固的根据地。

为加强党对昌延联合县的领导，1940年4月，冀热察区委党校教务主任徐智甫，被任命为中共昌延联合县第一任县委书记，与县长胡瑛一道领导联合县抗日斗争。他们广泛动员群众，大力发展生产，开展拥政爱民，得到当地百姓的拥护。经过几个月的艰苦努力，徐智甫、胡瑛的工作初现成效。他们以“后七村”为基地，逐步向十三陵地区和龙（关）赤（城）方向发展，先后有40个村建立党支部，党员发展到331名。

在敌占区建立发展起来的昌延联合县，为八路军扎根平北，进而建立起巩固的抗日根据地提供了坚强的支撑。

激战窑湾流尽最后一滴血

在平北日伪政权接合部建立的昌延联合县，高举抗日大旗，犹如插入敌人心脏的一把利刃，让日寇坐卧不宁。从1940年5月起，日本华北方面军、伪满洲国军集中5000余兵力，对昌延地区进行“拉网式”的大规模“扫荡”，企图摧毁这个新生抗日民主政权。

当时，八路军主力10团刚刚打赢沙塘沟战斗，正迅速东进，到外线开辟新区，仅留下3营副营长赵立业率领的9连和游击队一起，配合联合县开展工作。其间，徐智甫和胡瑛经常与群众露宿野沟山洞，过着“游击”生活。白天，他们随部队活动，采用游击战术，与日、伪军周旋；夜晚，到山下为部队筹粮筹钱。

8月上旬，赵立业接到命令，要率领9连归建，转移到外线作战。临行前，赵立业认为昌延联合县形势严峻，建议县、区干部一同撤离，徐智甫、胡瑛没同意。胡瑛说：“我是县长，县长不离本县，离开就是失职。我们县政府十几个人都有枪，可以继续坚持斗争。”昌延联合县党政干部没有一人离开。

8月27日傍晚，徐智甫和胡瑛带通信员程永忠来到窑湾村，在老乡王金喜家碰头，研究部队撤离后的工作，一夜未睡。第二天凌晨，一位老乡突然跑来报信儿，说永宁据点的日、伪军要过来“扫荡”。

徐智甫和胡瑛闻讯，拔枪冲出屋子，往后山撤。没想到，他们还是与日、伪军遭遇了。他们边打边撤，撤到半山腰时，都先后负伤。敌人妄图活捉他们，一窝蜂地扑了上来。徐智甫、胡瑛和通信员程永忠奋力还击，击毙多名日、伪军，但终因寡不敌众，英勇牺牲。惨无人道的敌人，获知徐智甫、胡瑛是昌延联合县负责人，残忍地割下他们的头颅，带回永宁示众。

昌延联合县军民没有被敌人的疯狂“扫荡”所吓倒，而是继承徐智甫、胡瑛等同志的遗志，愈战愈勇；县政府不仅没有被敌人摧毁，行政区反而得到进一步扩大。平北工委决定由史克宁代理县委书记，调郝霖任县长，迅速恢复昌延中心区各项工作。到1941年春，昌延联合县由原来的5个行政区扩大到13个，拥有329个行政村，8万多人口，使全县连成一片。在联合县中心区、十三陵地区以及延庆南山、延庆川一带，党支部发展到59个，农村党员发展到800多人。昌延联合县经受住了抗战期间最艰苦、最残酷的斗争考验，顽强地生存下来。

“青史先烈写，红旗后人擎”，这10个字的碑文，既是对徐智甫、胡瑛、程永忠三位烈士的颂扬和纪念，也是对后人的教育和激励。纪念碑如同一面战斗的旗帜，鼓舞着人们发扬先烈的革命精神，为中华民族的伟大复兴努力奋斗。

（执笔：董志魁）

纪念馆

中国人民抗日战争纪念馆

中国人民抗日战争纪念馆位于北京市丰台区西南卢沟桥畔、宛平城内，是全国唯一一座全面反映中国人民抗战历史的大型综合性专题纪念馆。该馆占地面积3.5万平方米，于1987年7月7日建成并对外开放，设有“铭记历史、缅怀先烈、珍爱和平、开创未来”为主题的展陈，全景式再现了全国各族人民英勇抗击日本帝国主义侵略的光辉历史，重点展示了中国共产党在抗战中发挥的中流砥柱作用，突出表现了中国作为东方主战场，为世界反法西斯战争胜利做出的历史性贡献。

中国人民抗日战争纪念馆是国家一级博物馆、全国优秀爱国主义教育示范基地、全国首批国家级抗战纪念设施（遗址）、国际第二次世界大战博物馆协会倡议发起成立单位及秘书处常设单位。

中国人民抗日战争纪念馆

北平抗战的历史见证

走进中国人民抗日战争纪念馆，一幅幅历史照片、一件件历史文物、一个个复原场景，给人以深刻印象和强烈震撼。北平军民和全国人民一起不畏强暴，誓死抵抗，最终迎来伟大胜利，构成了中华民族伟大抗日战争的壮阔历史画卷。

掀起抗日救亡运动新高潮

跨进纪念馆序厅，大型浮雕《血肉长城》映入人们的眼帘，向人们诉说着那段抗日救亡的难忘岁月。

1931年九一八事变爆发，日本侵占中国东北，扶植成立伪满洲国，中国人民在白山黑水间的奋起抵抗，成为中华民族抗日战争的起点，同时揭开了世界反法西斯战争的序幕。中国共产党率先举起抗日救亡的大旗，发表《为日本帝国主义强暴占领东三省事件宣言》。中共北平市委号召“反抗日本帝国主义吞并满洲，推翻日本帝国主义在华统治”，提出“打倒日本帝国主义”“反对殖民地化中国”等口号，组织动员大批东北籍干部、学生返回东北，开展抗日斗争；引导学生赴南京示威请愿，要求国民党政府出兵抗日；领导成立各种左翼文化团体，以文艺为武器，宣传抗日救亡；发动各阶层人民成立抗日救亡团体，号召“共速兴起，共赴国难”。

国民党政府则坚持“攘外必先安内”的反动政策，对内疯狂“剿共”，镇压抗日救亡运动；对日妥协退让，采取不抵抗政策。在各界舆论的压力下，蒋介石才不得不有限度地调整了对日政策。

展厅第一部分有一张照片，拍摄的是1933年元旦日军在山海关寻衅进攻，东北军独立第9旅奋起反击的画面，长城抗战由此爆发。

3月4日，日军攻占承德，占领热河，随后向长城各口推进。从3月5日到5月25日的80多天里，中国军队在长城古北口、喜峰口、冷口一线进行顽强抵抗。古老的长城，再一次见证了中华民族抵御外侮、守疆卫土的英雄气概。

长城抗战，是九一八事变后的局部抗战，给日本侵略者以沉重打击，鼓舞了全国人民的抗日热情。在中共北平市委及左翼团体的带动下，各界群众同仇敌忾，大力支援中国守军。5月31日，国民党政府对日妥协，与日本签订了丧权辱国的《塘沽协定》，将冀东22县划为“非武装地带”，为日本进一步向华北扩张大开方便之门。

北平街头，一位身穿棉袍的学生，站在高高的桌子上，挥着手面向四周的群众，慷慨激昂地发表演讲。这张照片反映的是一二·九运动中清华大学学生走上街头宣传抗日的情景。

1935 年，日军制造华北事变，中华民族危机加深。北平学生悲愤地喊出:“华北之大，已经安放不得一张平静的书桌了!”12月9日，在中共北平临时工作委员会领导下，北平学生举行声势浩大的抗日游行示威，一二·九运动由此拉开序幕，迅速席卷全国。北平学生联合会组织“平津南下扩大宣传团”,“努力把抗日救亡运动发展到农民中间去”。在此基础上，中共北平市委组织进步青年成立“中华民族解放先锋队”，提出“动员全国武力驱逐日本帝国主义出境”“成立各界抗日救国会”等八项纲领。

一二·九运动揭露了国民党对日妥协退让的反动政策，极大地促进了中华民族的伟大觉醒，标志着中国人民抗日救亡运动新高潮的到来，为全民族抗战做了重要的思想、组织准备和政治动员。

打响全民族抗战第一枪

“全中国的同胞们！平津危急！华北危急！中华民族危急！只有全民族实行抗战，才是我们的出路！我们要求立刻给进攻的日军以坚决的反攻，并立刻准备应付新的大事变。全国上下应该立刻放弃任何与日寇和平苟安的希望与估计。”这是展厅第二部分展出的1937年7月8日《中国共产党为日军进攻卢沟桥通电》中的部分文稿。

7月7日，驻丰台日军在卢沟桥附近借“军事演习”之名，向中国驻军挑衅。当晚，日军以演习中一名士兵“失踪”为借口，要求进入宛平城搜查，遭到中方拒绝。日方在中日双方交涉之际，大肆调兵遣将。此后，尽管“失踪”士兵已经找到，日方仍提出中国驻军必须撤出宛平城的无理要求，中方严厉驳斥。

8日凌晨5时，日军对中国守军发动攻击，中国第29军命令前线官兵：“确保卢沟桥和宛平城”“卢沟桥即尔等之坟墓，应与桥共存亡，不得后退”。守桥官兵奋起抵抗，与日军展开激战，打响了全民族抗战的第一枪。11日，日本政府发布《派兵华北的声明》，诬陷29军挑起七七事变，并大举增兵华北。

中日双方边打边谈，日本借谈判之机，不断增兵，作战部署完成后，又在7月25日、26日进攻中国守军，蓄意制造了廊坊事件和广安门事件。26日下午，日本华北驻屯军向第29军发出最后通牒，要求中国守军于28日前全部撤出平津地区，否则将采取行动。第29军军长宋哲元严词拒绝，并于27日向全国发表自卫守土通电，表示坚决守土抗战。28日上午，日军向驻守在南苑等地的中国第29军发起全面进攻。29军将士浴血奋战，誓死抵抗。在5个多小时的惨烈战斗中，中国守军伤亡2000多人，副军长佟麟阁英勇牺牲，第132师师长赵登禹在指挥部队后撤时，壮烈殉国。29日，北平沦陷。

七七事变爆发后，国民党政府还想对日妥协。8月13日，日军大举进攻上海，打破了蒋介石的和平幻想。七七事变和八一三事变，是日本全面侵华不可分割的有机整体，迫使蒋介石和国民党加快了联共抗日的步伐。9月22日，国民党中央通讯社发表《中共中央为公布国共合作宣言》，23日，蒋介石发表实际上承认中国共产党合法地位的谈话，标志着以国共合作为基础的抗日民族统一战线正式形成。

七七事变是中国全民族抗战的开端，同时也标志着世界反法西斯战争东方主战场的开辟。

开展敌后抗日游击战争

根据国共两党协议，中国工农红军陕北的主力改编为国民革命军第八路军，朱德任总指挥，彭德怀任副总指挥；南方红军及游击队，改编为国民革命军陆军新编第四军，叶挺任军长，项英任副军长。改编后的八路军东渡黄河开赴华北抗日前线，新四军挺进华中，开展抗日游击战争。

展厅第二部分的玻璃柜里，萧克关于冀热察工作给中共中央军委的电报手稿格外醒目，他于1939年提出了“巩固平西、坚持冀东、开辟平北”三位一体的战略任务，并排陈列着中共中央军委的回电抄件。

早在1937年8月的洛川会议上，毛泽东就明确指出：“红军可以一部于敌后的冀东，以雾灵山为根据地进行游击战争。”按照中共中央和毛泽东部署，八路军首先挺进平西。

平西山川交错、沟壑纵横，“可直接威胁日伪统治中心北平和张家口，控制交通命脉平绥和平汉两线，并作为晋察冀边区的屏障和向冀东、平北发展的前进基地”。七七事变后，原中共宛平县地下党员魏国元奉命在平西率先举起抗日旗帜。1938年2月，晋察冀军区第一军分区邓华所属第3团开赴平西，摧毁伪政权，收编地方武装，扩编为邓华支队，并在东斋堂村创建平西第一个抗日民主政权——宛平县政府。5月，八路军第120师宋时轮支队开至平西，与邓华支队合并组成八路军第4纵队。

第4纵队于1938年五六月间向冀东挺进，先后攻克昌平、平谷等县城，7月上旬策应冀东抗日大暴动，摧毁日伪政权，建立10个抗日县政府。冀东大暴动失败后，1939年2月，八路军冀热察挺进军成立，萧克任司令员兼政治委员，统一指挥平西、平北、冀东的抗日武装，提出了“巩固平西、坚持冀东、开辟平北”三位一体的战略任务，获中央军委批准。

为巩固平西，广大军民进行了艰苦卓绝的斗争，粉碎了日、伪军多次疯狂大“扫荡”，度过了抗日战争最艰难的时期，逐步发展成为冀热察根据地的指挥中心。在冀东，由包森、李运昌等领导的抗日武装，坚持开展游击战争，逐步建成拥有25个联合县的冀东抗日根据地，发展成为八路军冀热辽军区，为抗战胜利后进军东北创造了有利条件。八路军先后三次挺进平北，采取逐次增兵、波浪式发展的方针，在伪满、伪华北、伪蒙疆3个伪政权的接合部，建立起拥有10个联合县的平北抗日根据地，成为联系平西与冀东的桥梁和纽带。

展厅第三部分“中流砥柱”中，展出了众多抗日英烈和英雄群体。其中，被誉为“小白龙”的平北军分区副司令员白乙化，“血沃幽燕，名垂千古”；北京密云县一位普通农妇邓玉芬，将丈夫和5个儿子送上抗日战场，先后失去6位亲人，被誉为“英雄母亲”……

平西、平北和冀东抗日根据地的创建、巩固与发展，有力牵制了日军兵力，直接配合了晋察冀边区反“扫荡”斗争，大量歼灭了日、伪军有生力量。1938 年至 1945 年，这些地区的八路军和地方武装，与日、伪军作战4200余次，共歼敌 4.6 万余人，为夺取抗战胜利做出了重要贡献，堪称“实践中国共产党抗战战略战术的成功范例”。

北平沦陷8年间，中共北平地下党组织不畏艰险、不怕牺牲，领导开展了卓有成效的暗战工作。战斗在隐蔽战线的地下工作者，团结上层抗战人士，联系国内外友人，建立妙峰山秘密交通站，开辟了被誉为“驼峰航线”和“林迈可小道”等地下交通线，为根据地提供了许多有价值的情报，输送了大量人员和物资，被誉为“无名的伪装者”，为抗日战争的胜利做出了独特贡献。

1945年8月15日，日本天皇裕仁以广播《终战诏书》的形式，宣布接受《波茨坦公告》，日本无条件投降。9月2日，日本代表在投降书上签字。至此，中国人民经过14年不屈不挠的浴血奋战，终于打败了穷凶极恶的日本军国主义侵略者，取得了中国人民抗日战争的伟大胜利。

抗日战争是近代以来中国人民反抗外敌入侵第一次取得完全胜利的民族解放战争，也是世界反法西斯战争胜利的重要组成部分。中国共产党领导人民武装开展独立自主的抗日游击战争，开辟了更为广阔的敌后战场，建立了更加巩固的抗日民主根据地，成为坚持抗战、坚持团结、坚持进步的领导力量，是抗日战争的中流砥柱。中国人民在抗日战争的壮阔进程中孕育出伟大抗战精神，向世界展示了天下兴亡，匹夫有责的爱国情怀，视死如归、宁死不屈的民族气节，不畏强暴、血战到底的英雄气概，百折不挠、坚忍不拔的必胜信念。伟大抗战精神，是中国人民弥足珍贵的精神财富，将永远激励中国人民克服一切艰难险阻、为实现中华民族伟大复兴而奋斗。

（执笔：李庆辉）

平西抗日战争纪念馆

平西抗日战争纪念馆位于北京市房山区十渡镇十渡村南。1992年3月，房山区委、区政府为讴歌抗日战争中平西抗日根据地军民的不朽业绩，建成此馆。纪念馆建筑面积4350平方米，设有平西抗日根据地斗争主题展，主要由“七七事变　平西沦陷”“党的领导　开辟平西”“全面加强根据地建设　巩固发展壮大”“浴血奋战　夺取胜利”等单元组成，全面展示了平西抗日根据地的发展历程。现为全国爱国主义教育基地、全国重点烈士纪念建筑物保护单位、国家国防教育示范基地等。

平西抗日战争纪念馆

战旗猎猎映平西

“平津危急！华北危急！中华民族危急！只有全民族实行抗战，才是我们的出路。”[①]七七事变拉开了全民族抗战的序幕，在中国共产党的领导下，八路军、新四军肩负着民族的希望，深入敌后建立抗日根据地。八路军晋察冀军区奉命挺进平西，树起了一面不倒的抗日战旗。

孤军深入　艰苦创建

走进平西抗日战争纪念馆，首先映入眼帘的是一幅《平西抗日根据地示意图》，形象地展示了平西抗日根据地的地理范围，它位于北平与平汉铁路以西、平绥铁路以南，地跨冀、察两省，是平郊抗日的战略起点。

卢沟桥事变爆发后，日军全面进攻华北。在日军强大的攻势下，平西沦陷，华北沦陷，中华民族陷入危机。1937年8月22日至25日，中共中央在陕北洛川召开政治局扩大会议，明确提出在冀察边境开展抗日游击战争、创建抗日根据地的方针。

1938年2月，晋察冀军区根据毛泽东关于“红军可以一部于敌后的冀东，以雾灵山为根据地进行游击战争”的决策部署，派邓华率第3团，从涞源出发首先挺进平西。他们连克敌人据点，打击日伪统治，收编地方武装，为建立抗日政权，创建根据地扫清了障碍。第3团扩编为晋察冀军区第6支队即邓华支队后，先后建立宛平、房（山）涞（水）涿（县）、宣（化）涿

① 《中国共产党为日军进攻卢沟桥通电》，载中共中央党校党史教研室选编：《中共党史参考资料》（四），人民出版社1979年版，第1页。

（鹿）怀（来）县委（工委）、县政府，标志着平西抗日根据地初步形成。邓华支队与刚刚结束整训返回的第5支队，相互配合，共同经营平西。

5月，八路军第120师宋时轮支队与邓华支队会合，组成八路军第4纵队共5000余人，宋时轮任司令员，邓华任政治委员，随即挺进冀东，配合冀东大暴动。

刚刚开辟的平西抗日根据地，仅有第5支队驻守。日、伪军趁机向平西大举进攻，第5支队和大部分地方干部被迫西撤，平西部分地区或被日军占领，或被地方土匪控制。

冀东大暴动失利后，第4纵队主力返回平西，先后收复镇边城、军响、青白口、斋堂川、清水等重要村镇，宛平县抗日民主政府也很快恢复。第4纵队乘势扩大活动区域，向平西腹地野三坡派出兵力，消灭盘踞在此的地主武装，解除平西的纵深忧患。接着又向房涞涿地区扩展，并与冀中大清河地区打通联系。同时，部队向宣涿怀地区进发，相继恢复或建立了涞水、宣涿怀、房（山）良（乡）、涞涿等抗日民主县政府，各区、村的抗日政权和群众组织也建立起来，并成立了晋察冀边区第六行政专员公署。平西抗日根据地不仅得到恢复，而且有了新的发展。

稳扎稳打　步步巩固

“朱彭总副司令，下了一个命令。成立一路精兵，军名叫作挺进……本军出师华北，转战冀热察晋。忠愤耿耿在心，杀敌绝不后人……”纪念馆展出的这张六字韵文布告，是八路军冀热察挺进军司令员兼政委萧克亲自撰写的，表达了他坚决完成战略使命的决心。

1939年2月7日，八路军冀热察挺进军在平西正式成立，由萧克统一指挥平西、平北、冀东地区的抗日武装。萧克审时度势，经过调查研究，明确提出“巩固平西、坚持冀东、开辟平北”三位一体的战略任务。平西是晋察冀根据地北面的有力屏障，是向冀东、平北发展的前进基地。

为“巩固平西”，挺进军坚持把武装力量建设作为中心任务。先后扩大主力部队3000余人，发展游击队3000多人，成立平西各县游击大队及房涞涿游击支队，边沿区还建立了游击小组。一年半后，全区武装力量发展到2万余人。

坚持大力加强党的建设。根据中共中央《关于巩固党的决定》和北方分局的统一部署，普遍开展党员登记和审查，清除混入党内的异己分子，同时积极发展新党员，70户以上的大村大都建立党支部，到1941年底，平西5县党员发展至3900多人，建立区委27个。展览馆一组1940年到1942年平西党组织及党员统计表，充分展示了这段时间根据地在党的建设上取得的成绩。

坚持把政权建设作为重中之重。平西专员公署及各级政府团结各阶层民众，建立民主政权，实行减租减息，镇压日特汉奸，维护社会秩序，得到根据地人民的拥护和爱戴。同时，狠抓经济建设。广大军民开荒修滩，扩大耕地面积，提高粮食产量；推进边区货币发行，采取分期贬价的办法，分三期杜绝使用伪币；废除旧有苛捐杂税，推进平西地区矿产开采。通过这一系列措施，初步建立起平西抗日根据地的经济运行机制。

平西抗日根据地在战火中发展，多次粉碎了日、伪军的大规模“扫荡”。1940年春，日军独立混成第2、第15旅团等部队出动9000余人，对根据地展开疯狂大“扫荡”，根据地军民内线和外线作战相配合，采取机动灵活的战略战术，消灭日、伪军800多人，击落敌机一架，夺取了反“扫荡”的胜利。

到1940年秋，平西已发展成为包括宛平、房山、涞水、涿县、良乡、宣化、涿鹿、怀来、昌平等广大区域，拥有1100个大小村庄30多万人口、1.2万多兵力的抗日根据地。

顽强斗争　踔厉坚守

面对根据地的日益发展壮大，日军运用军事、政治、经济、文化等手段的所谓“总力战”，连续5次对平西抗日根据地发动“治安强化运动”。根据地军民奋起反击，经过艰苦卓绝的斗争，度过了最艰难的黑暗时期。

1941年8月，日军在华北调集5个精锐师团、6个混成旅团和大量伪军近10万人，对平西和北岳区进行为期两个月的大“扫荡”，妄图以绝对优势兵力聚歼挺进军。针对日军图谋，平西军民开展游击战、破袭战、伏击战等，致使日军封锁和进攻计划进展缓慢。

枪声、炮声、喊杀声，纪念馆的复原场景再现了八里塘阻击战的激烈场面。1941年8月23日，日军3000余人，伪军千余人，分4路向十渡进犯。第9团得到消息后，立即派出部队奔赴八里塘阻击敌人，经过3个多小时的激战，打退了日、伪军5次强攻。丧心病狂的日军向八路军使用毒气弹，除一名战士被震晕负伤外，其余全部壮烈牺牲。

日军在“扫荡”中还对房山的千年古刹云居寺进行了3次狂轰滥炸。纪念馆的第五部分《浴血奋战　夺取胜利》，其中一幕平面场景和投影，向人们展示了云居寺被轰炸时的惨烈情景。

日伪“治安强化运动”给平西抗日根据地带来极大的摧残和破坏。到1942年初，根据地东西不过百里、南北不过七八十里，加上天气大旱，根据地缺粮、缺衣、缺盐、缺药，陷入极端困难时期。

为改变根据地艰难困境、减轻群众负担，根据中央精兵简政的决定和八路军总部的指示，晋察冀分局和军区宣布撤销冀热察挺进军番号，在平西成立第11军分区；冀热察区党委随之撤销，平西划归北岳区党委领导；第7和第9团均由辖3个营的大团缩编为五六个连的小团，连队则由小连编成大连。纪念馆展出了一张精兵简政后的领导序列表，充分显示出通过精兵简政，机关人数大为减少，连队得以充实，战斗力有所提高，减轻了人民负担，从而更加适应敌后游击战争的环境。

9月，晋察冀分局和军区召开党政军高级干部会议，正式提出“到敌后之敌后去”的口号。平西抗日根据地军民认真贯彻会议精神，组成若干精干的武工队和小部队，深入敌后与当地干部群众相配合，展开恢复和发展游击根据地的工作。

同时，平西根据地广泛开展了大生产运动。纪念馆展出的镐头、簸箕、纺车等历史文物，成为根据地军民自己动手，丰衣足食，粉碎敌人经济封锁的历史见证。经过平西党政军民的艰苦奋斗，根据地挺过了最艰难的岁月。

乘势发展　喜迎胜利

1943年6月，平西抗战形势开始好转。平西军民不但粉碎了日军多次对抗日根据地的进犯，而且武工队、游击队、民兵开展的游击活动已经深入到敌占区。1944年3月，晋察冀分局要求“平西向北、向东北发展，使察南十县全归我有，并和平北完全联结，全面夹击平绥路”。同时强调向北平近郊进逼，造成紧围北平的态势。

按照晋察冀分局部署，平西主力部队和地方武装，向日、伪军展开局部攻势。从1944年春，房涞涿联合县和昌宛房联合县的抗日军民，越过封锁壕，深入敌占区，由原来“坚持山地”变为“指向平原”。11月，八路军再次开进被日伪占领达4年之久的斋堂川，先后夺取日军斋堂、胡林、军响及沿河城的据点。经过长达135天的反攻，解放区向北平方向扩展700余平方公里。纪念馆有一处复原场景，再现了八路军在门头沟王家河滩设伏，解放斋堂川的历史场面。

为配合冀中军区部队在大清河北的攻势作战，大兴支队、涿良宛支队分别向天津、北平近郊挺进，攻克长神庙、西红门、马神庙等。第11军分区主力向房山、涿县外围出击，连续拔掉房山煤矿区花儿沟、半壁店等十几个日、伪军据点，并攻进房山县城。

根据中共中央“缩小敌占区，扩大解放区”的指示，1945年，平西部队乘胜前进，连克清水涧、军庄、门头沟、香山、妙峰山、清河镇等据点，推进到长辛店、丰台附近。“汗没白洒，血没白流，八年抗战终于到了头！”平西根据地军民载歌载舞，欢庆胜利。

一寸山河一寸血，一抔黄土一抔魂。从卢沟桥事变到抗战胜利，平西抗日根据地军民在中国共产党的领导下，前仆后继，英勇奋战，在这片热土上谱写了反法西斯战争的壮丽篇章。

（执笔：曹楠）

焦庄户地道战遗址纪念馆

焦庄户地道战遗址纪念馆位于北京市顺义区龙湾屯镇燕山余脉歪坨山下，分为展馆、地道遗址、抗战民居3个参观区。馆内收藏有挖地道的工具、民兵用过的武器及各种农具。抗战时期为躲避日寇“扫荡”，村长马福带领村民挖掘地道，最终形成户户相连、村村相通，长达23华里的地道网。焦庄户民兵利用地道优势给日、伪军以痛击，为冀东抗战做出重要贡献。1964年，焦庄户建立地道战纪念馆。1979年，焦庄户地道战遗址被列为北京市文物保护单位，2013年被列为第七批全国重点文物保护单位。

焦庄户地道战遗址纪念馆

筑就抗日地下长城

“地道战嘿地道战，埋伏下神兵千百万。千里大平原展开了游击战，村与村户与户地道连成片。侵略者他敢来，打得他魂飞胆也颤，侵略者他敢来，打得他人仰马也翻。全民皆兵，全民参战，把侵略者彻底消灭完……”这是红色经典电影《地道战》的主题曲，抒发了华北根据地军民利用地道英勇抗击日寇的豪情壮志。其中的高家庄原型，部分取材于北京顺义焦庄户村。抗日战争时期，这里的军民利用地道多次打退日、伪军的“扫荡”和袭扰，彰显了人民战争的无穷威力。

群众的创造

纪念馆展览第一部分《冀东抗战燃烽火》，展示了1938年6月八路军第四纵队由平西挺进冀东时，在焦庄户一带开展工作，撒下抗日的火种的业绩。

这年冬天，日、伪军在距焦庄户二里地的龙湾屯修筑炮楼，设立据点，实行“五天一清乡、十天一扫荡”。一时间，焦庄户村民走的走、逃的逃，800多人的村子只剩下不足200人，数百间房屋被烧毁。

村民马福是焦庄户的第一名中共党员。为躲避日、伪军的残酷“扫荡”，保护行动不便的老弱妇幼，马福带领村民挖了几个隐蔽的单体洞，在日、伪军几次进村时都发挥了作用。于是他设想如果把各单体洞打通，形成地下通道，就可藏更多的人，安全性也更高。

1941年春，马福安排几名村民，以村内的一口枯井为起点，向村外开挖地道。焦庄户村地下土质主要是胶泥和石头，下挖深度约有4米、高约

1.3米、宽约0.8米，挖掘难度非常大，进展缓慢。经过数月苦战，地道终于挖出村，出口在临近河沟的一个坡坎，并精心做了伪装，形成早期的地道，经过几次“跑反”效果不错。

尝到了甜头的马福和村民没有止步，继续挖掘院与院之间的跨墙地道，巧妙地把地道口设在可靠的村民家里。不久，院与院相连的地下支线完成。当敌人偷袭，八路军和村民来不及上山躲避时，地道就成了他们的安全屏障。

1942年4月，焦庄户党支部成立，马福任书记。从此，焦庄户在党支部的领导下，群众发动更加广泛，上到七旬老人，下到十一二岁的少年全员参与挖地道。开始，土方量不大，挖出的土主要用于垫猪圈、抹房、垫道、砌坡子等。后来，土方量急剧增加，晚上挖出的新土，第二天早晨就运走，填到村外沟沟坎坎中，并及时打扫出土口，避免留下痕迹。

展馆内收藏了当年焦庄户村民挖地道使用的铁锹、镐头、土筐、油灯等各种工具。为方便挖掘，村民把铁锹头的长把锯成了短把。铁锹、镐头磨损严重，村里开炉炼铁，由村民打铁铸造。没钱买灯油，就用棉籽油、蓖麻籽油代替。焦庄户人白天下地生产，夜间挖掘地道。群众创造地道战，拉开了序幕。

抗日堡垒村

走进当年长达23里的地道遗址，参观者被“能藏、能走、能防、能打”的“四能”地道网所震惊。

地道挖通不久，就遇到考验。一天，驻扎在龙湾屯炮楼的日、伪军突然“扫荡”焦庄户村，两名八路军侦察员正在村里。听到枪声，马福立即让他们躲进地道。因为时间仓促，洞口没来得及隐蔽，很快被发现。敌人堵住洞口，扔进点燃的玉米秸，再用鼓风机往里吹，试图熏死地道里的人。遭受烟熏的两名侦察员，沿着地道顺利脱险。

八路军侦察员遭烟熏，使马福等人看到了地道还不够完善。1943年春，焦庄户村开始了地道“升级”工程。在借鉴冀中地道战经验的基础上，个个出力，人人献智，创造了焦庄户地道战的奇迹。

“水是宝贵的，让它流回原处；烟是有毒的，不能放进一丝一缕。”他们把地道挖成“凹”字形，装上翻板，实现了防水、防毒功能，并增加了陷阱、单人掩体，以及和地面相通的暗堡、瞭望孔、射击孔等战斗设施，还挖了十几处指挥所和休息室，使民兵和村民能较长时间在地道内战斗和生活。

焦庄户树立了榜样。南面唐洞、北边大北坞等村，也加入了挖地道的行列，形成了三村相连的“地下长城”。地道从最初只能藏人的单体洞，发展为户户相连、村村相通的地下交通网。地道不仅用于藏身，还可埋伏杀敌，或主动出击。地道配合地面工事和地形地物，组成立体交叉火力网，具备了打、防结合的功能。

展馆中陈列着一个医药箱，这是晋察冀军区第14军分区第2卫生所使用过的，当年这个卫生所就设在焦庄户村。村里经常住着几十名八路军伤病员，仅1944年疗养的伤病员累计就有五六百人。村里的妇救会组织妇女为伤病员烧水做饭、洗衣喂药，照顾得无微不至。一旦发现敌情，村民会马上把伤病员抬进地道，以保证安全。“四能”地道，使焦庄户成为远近闻名的抗日堡垒村。

人民战争建奇功

《人民战争建奇功》展览部分，陈列了焦庄户民兵使用过的各种步枪、手枪、地雷、手雷、土枪、土炮，展示了当地群众利用地道与日、伪军战斗的情景。

焦庄户地道日益完善，要想发挥好它的战斗功能，就必须要有武器。武器从哪里来？只能从敌人手中夺取。党支部组织民兵开展了一场夺枪斗争。他们采用“捉舌头”、深夜偷袭、半路伏击等办法，仅用不到两个月的时间，就使焦庄户民兵全部武装起来。他们割电线，挖公路，锄汉奸，打鬼子，成为一支令日、伪军闻风丧胆的武装力量。

1943年夏的一天，悄悄出动的一小队日、伪军埋伏在村北的芦苇塘，准备偷袭焦庄户并破坏地道。接到消息后，民兵队长马文藻带领民兵悄悄接近芦苇塘，与日、伪军交火。与此同时，马福组织群众向地道转移，这是全村首次集体进入地道。阻击的民兵边打边撤。进入地道后，他们充分发挥地道的“四能”作用，最终打退了装备精良的敌人。日、伪军这次在焦庄户碰了钉子，小股部队再也不敢大摇大摆地前来骚扰。

这年秋天，100多名日、伪军又一次进攻焦庄户。马文藻率领30多名民兵，利用地道和村内外的有利地形迎击。唐洞、七连庄等村的民兵闻讯通过地道赶来支援，结果敌人未能进村就被打得狼狈逃窜。

1944年春，龙湾屯日、伪军再次进村“扫荡”。民兵发现后，立即带领村民进入地道。看着嚣张的鬼子兵，刚加入民兵队伍不久的青年马文通，耐不住性子就想开枪，马文藻提醒说：“注意隐蔽，不能暴露目标，等敌人走近了再打。”日、伪军沿着街道两侧，鬼鬼祟祟摸进村。进入交叉射击网后，一发发愤怒的子弹从地下、地上的枪眼猛烈射出，把敌人打得晕头转向。

敌人稍事休整后，便抡起铁锹、洋镐四处乱刨，企图寻找地道口。马福、马文藻和干部们研究后决定，派人从地道绕到一个出口，隐蔽出击，向敌人背后投出几颗手榴弹。“轰轰”几声巨响，敌人丢下几具尸体，像惊弓之鸟四处乱窜。民兵们则从各个地道口分头冲出，枪声四起，杀声震天，吓得日、伪军拼命奔逃。

这次战斗，沉重打击了日、伪军的嚣张气焰。没过几天，日军便撤走龙湾屯炮楼的日本兵，只留下40多名伪军。不到一个月，焦庄户民兵一鼓作气，彻底拔掉了这个炮楼。

全民皆兵，全民参战，一手拿锄头，一手拿枪杆。从1943年开始，焦庄户村村民共战斗150余次，歼灭日、伪军120多人，缴获武器100多支、子弹3500多发。焦庄户地道成为名副其实的“地下长城”，焦庄户地道战成为人民战争的典范。

（执笔：王化宁　朱磊）

鱼子山抗日战争纪念馆

鱼子山抗日战争纪念馆位于北京市平谷区山东庄镇鱼子山村。抗战时期，鱼子山一带曾为八路军在冀东的军械修理所、炸弹厂等所在地。为纪念当地军民同仇敌忾、英勇抗战的历史，缅怀光荣牺牲的烈士，当地政府于1997年建成鱼子山抗日战争纪念馆。纪念馆展陈面积400平方米，陈设革命文物数百件（幅）及重要文献资料300余册。2000年，该馆被确定为北京市爱国主义教育基地和国防教育基地；2001年，被列为第六批市级文物保护单位。

鱼子山抗日战争纪念馆

打不垮的鱼子山

“铁北寨、铜南山、打不垮的鱼子山。”平谷区东北部的鱼子山一带，至今流传着抗战时期的一句民谣。鱼子山背靠燕山，面向华北平原，与盘山隔川相望。全民族抗战爆发后，鱼子山人民与八路军一道，利用有利地形，多次粉碎日军的“扫荡”，并在这里建立了兵工厂，保证了前方武器弹药的供给，为抗战胜利做出了重要贡献。

山村建起兵工厂

纪念馆中一张尘封已久的珍贵老照片——晋察冀军区第13军分区供给处（原13团供给处）遗址，将参观者带入那段硝烟弥漫、战火纷飞的抗战岁月。

1938年6月，八路军第4纵队第34大队挺进冀东途中，来到鱼子山一带。他们在这里积极发动群众，组织抗日救国会，摧毁伪警察署，痛击日、伪军。

此时，北平“东大门”平谷县城已被日军占领。平谷县城距离鱼子山村约10公里。八路军进驻鱼子山村后，立即着手计划攻打平谷县城。鱼子山一带的百姓，听说八路军要打平谷，主动给部队备水备粮、派向导、绑担架、献梯子，组织起四五百人，协助部队攻城。7月19日夜，大雨滂沱。八路军在群众的大力协助下，顺利攻克平谷县城！从此，鱼子山成为八路军扎根冀东西部，开展抗日斗争的落脚点。

冀东抗日根据地初创时，没有后勤供应，特别是所需武器弹药主要靠战场缴获，严重影响战斗力。随着抗日斗争的不断发展，八路军和民兵对枪支弹药的需求日益迫切。

1939年，八路军第3游击支队队长单德贵在鱼子山大果园建立修械所，修理、拼装破损的枪支。当时修械所规模很小，利用农家小院，招用村里几位木匠、铁匠参与。

1940年7月底，八路军几支游击队合编建立13团，在鱼子山建立供给处。供给处下设修械组、炸弹组、被服组。由于日军频繁“扫荡”，供给处分散在深山岩洞中。兵工厂主要在鱼子山寨内占用破庙、民宅、空院进行生产。后扩充为修械厂（连）、炸弹厂（连）、被服厂（连），每厂军工四五十人，分散在盘山、鱼子山、北寨、梨树沟等山村。

1942年是抗日根据地最艰难的时期，面对日寇频繁“扫荡”，形势日益严峻。八路军13团对兵工厂布局进行调整，除一小部分留在盘山外，大部分都转移到北山一带，其中修械厂、炸弹厂集中到鱼子山。修械厂主要修理枪炮；炸弹厂主要制造地雷、手榴弹、子弹等。

纪念馆墙上的一张大幅《鱼子山村历史遗迹分布图》，用白色发光点将修械厂、炸弹厂等历史遗迹一一标注，宛如一颗颗璀璨的珍珠闪烁在鱼子山上。

自力更生造武器

“鱼子山，好地方，鬼子一来遭了殃。八路军，兵工厂，敌人封锁无炭粮。橡子树，满山岗，山上山下烧炭忙。烧白炭，火力壮，熔炉化铁造炸弹。鬼子兵，真疯狂，炸弹送去见阎王。”走进纪念馆，讲解员现场哼唱起这首抗战民谣，指着一个个带有历史感、形状各异的地雷，以及锈迹斑斑的诸多手榴弹壳、枪械部件等，向人们讲述当年抗日军民就地取材，制造武器，与日寇英勇奋战的感人故事。

为摧毁八路军在鱼子山的兵工厂，日军疯狂“扫荡”，制造“无人区”，扬言要让鱼子山一带片瓦不存、寸草不留。老百姓被逼得无法在村里生存，兵工厂被迫向山上转移。面对严峻考验，各厂在一无厂房，二无技术，三缺原材料的情况下，克服种种困难，因地制宜，研制出一批批前方急需的武器弹药。

兵工厂初创时期，没有专业生产工具，主要靠锉刀、凿子、斧子、锤子、砧子、拉钻等简单工具，根本谈不上机械设备。制造炸药，用铁锅炒、石碾轧；合成硫酸、硝酸，就靠大缸、小缸搅拌调配。制造手榴弹、地雷的外壳，用铸造犁铧的小炉子化铁水，木风箱吹风，3个棒小伙轮流手拉，一天只能铸几个。后铸壳改用模板，每板4个模孔，一次能浇铸20个；用自行车链轮改装带动自制鼓风机，一天能铸壳100多个。

兵工厂专业技术人员极度匮乏，工人主要是从各地招募的“能工巧匠”，其中有铁匠、木匠、走街串巷的小炉匠。他们主要靠反复拆装实物，“照葫芦画瓢”自制。不懂炸药原理，就一硝二磺三木炭土法配制，反复配比试验；不懂枪械原理，就反复拆装，观察研究部件性能。制造的第一枚手榴弹，用玻璃瓶装碎渣铁片和自制黑药，扔出去只炸开几瓣，几乎没有杀伤力。后改用铁皮卷筒，装碎铁黑药和木柄，依然没有成功。

为改善技术人员不足的状况，前方部队将俘获的日本军工技术人员，转押到兵工厂，让他们参与军工生产。几个日本俘虏表面服从，但思想顽固，阳奉阴违，造出来的手榴弹经过检测，有的不炸，有的炸开弹片少，杀伤力太小，不符合技术指标。

怎么才能从根本上解决技术问题？炸弹连抽调技术尖子，专门组建了化工排。军分区司令部送来了几名专科大学生；地下党从北平日军兵工厂挖来了18名技工，充实炸弹连的技术力量，研制水平和产品质量迅速提高。整个兵工厂逐渐形成生产雷管、炸药，铸造手榴弹、炮弹，制造枪身，安装手榴弹、打包装箱的流水线。生产能力从1942年半个月装制3000个手榴弹，发展到1943年每天生产5000个手榴弹。[①]

随着兵工厂生产规模逐渐扩大，所需材料出现短缺，仅每天生产手榴弹就需要几千斤铁。由于敌人封锁严密，只能靠根据地军民自力更生，就地取材。鱼子山的群众就自行收集破铁锅、犁铧、断锄、秃镐、庙里的铁

① 贾伊花：《追寻抗日战争档案背后的故事——冀东西部根据地军需生产》，载《北京档案》，2017年第6期。

钟，甚至拆毁敌人的铁桥、铁门等，千方百计弄回生铁弥补原料不足。

兵工厂需要高热能燃料，特别是铸造手榴弹和地雷需要大量焦炭。原来焦炭都是从唐山开滦煤矿用牲口驮来的，日伪对根据地实行严密封锁后，焦炭运不进来，无法生产。军民就利用橡树资源和烧白炭技术，自己烧炭，解决燃料问题。

军民同心协力

为消灭八路军兵工厂，日寇对鱼子山进行了长达数年的疯狂“大扫荡”，制造“无人区”。仅鱼子山一村，先后有180多人被杀害，10户被杀绝，2000多间房屋被烧毁。但是，日寇的凶残没有吓倒鱼子山军民，他们凭着顽强的意志和必胜的信念，克服各种困难，支援兵工厂生产。

日、伪军在根据地周边安据点、设哨卡，强迫群众挖壕沟，将鱼子山一带封锁得如铁桶一般，武器和物资转运更加困难。老乡们夜间行动，趁天黑或雨雪天气，把物资拆散，先派人过壕沟观察情况，再用暗号联系，悄悄地用人扛驴驮的方式，将物资一点点运出去。鱼子山村从十几岁的孩子到六七十岁的老人，都心甘情愿地帮兵工厂干活。年轻力壮者组成民兵队，往前线运送子弹、手榴弹、炮弹。军民同心协力构筑起一条用血肉之躯连成的运输线。纪念馆至今保存着当年老百姓帮助兵工厂运送物资使用的驮笼、篓子等实物展品。

鱼子山的群众，把军用物资视为自己的生命，倍加珍惜。他们说，“人不死，东西在；人死，东西不丢”。很多人为保护军用物资受尽敌人折磨，直至献出生命。纪念馆墙面上的红底白字，就是鱼子山一带革命烈士及伤残军民的名字。

对敌斗争中，鱼子山民兵们创造了一些行之有效的战法。他们在鱼子山山口和河滩上，布下了长达十多里的地雷阵。进山的路口，明摆着4个有半人高的大石雷，遍地插着“小心地雷”的木牌。有的木牌系着雷弦，一拔就炸；有的没有连弦，真假难辨，让日军吃了不少苦头。地雷花样繁多，有铁雷、石雷、硫酸雷，有拉弦的、脚踏的，还有触摸的。硫酸雷尤其厉害，明摆明放，一触即炸，特意摆放在路边、墙头、门口、桌面等招眼碍手的地方。敌人以为是假的，上前触碰便瞬间炸响。鱼子山地雷战威名大振，日军明知八路军的兵工厂设在鱼子山，却不敢轻易进山。纪念馆中展出的石雷，以及因外形类似乌龟而被称为“王八雷”的民兵自制雷，见证了当年民兵地雷战的威力。

鱼子山军民在中国共产党的领导下，白手起家办兵工厂，英勇抗敌，创造了军工史上的奇迹，在北平抗战斗争中赢得了“打不垮的鱼子山”的美誉。

（执笔：李昌海　曹楠）

古北口长城抗战纪念馆

古北口长城抗战纪念馆位于北京市密云区古北口镇南关外长城脚下，是由正殿、东西配殿组成的一组仿古建筑，面积约1300平方米。纪念馆共设三个展厅，通过大量长城抗战的史料和文物，翔实地展现了1933年3月至5月古北口长城抗战的历史。纪念馆东侧坐落着古北口战役阵亡将士公墓，由密云县人民政府修建，直径15米、高6米，四周砌有2米高的青砖花墙，东南方建有3米高的门楼。公墓东侧建有一座纪念碑亭，亭内横卧一尊长2.7米、高1.5米的黑色大理石纪念碑。古北口长城抗战纪念馆（古北口战役阵亡将士公墓）先后列入北京市文物保护单位，第二批国家级抗战纪念设施、遗址名录。

古北口长城抗战纪念馆

长城抗战的铁血精神

走进长城抗战纪念馆，首先映入眼帘的是以长城为背景的军民抗战画面，将参观者的思绪带回到当年硝烟战火弥漫、枪炮喊杀震天的古北口长城一线。1933年3月，日军悍然发动对长城沿线的全面进攻，中国军队第17军与日军在古北口、南天门、石匣鏖战2个多月。古北口战役成为长城抗战中规模最大、战况最为惨烈的一场战役。

激战古北口

展览墙上的兵力部署图显示，1933年3月7日，日军第8师团32联队从热河向古北口逼近。国民革命军第67军107师坚守古北口外围长山峪，顽强顶住了日军3天的进攻。蒋介石急派何应钦到北平加强防务，同时命第17军军长徐庭瑶率所辖黄杰第2师、关麟征第25师、刘戡第83师奔赴密云抗敌。

第25师先头部队日夜兼程赶到古北口，与第67军112 师张廷枢部会师后，紧急决定第112师防卫古北口关口长城，作为第一道防线。第25师借助古北口关城及侧翼高地，构筑第二道防线。

10日清晨，日军飞机大炮开始狂轰滥炸，步兵凭借炮火掩护，蜂拥着向112师的将军楼阵地和25师的龙儿峪阵地扑来。中国守军既没有防空武器，也来不及构筑山地工事，仅凭借岩石和长城墙体直接迎敌，刚一交战便出现较大伤亡。

11日拂晓，日军第8师团师团长西义一指挥炮火掩护步、骑兵，向古北口、将军楼及龙儿峪阵地发起进攻，遭遇第112师和第25师的顽强抵抗。10时，112师将军楼阵地失守被迫后撤，25师阵地随即压力陡增陷入被动。关麟征亲率特务连赴阵地右翼增援，不料途中遭敌潜伏哨偷袭，被手榴弹炸伤，副师长杜聿明代理师长继续指挥战斗。

12日，敌我双方的争夺战进入白热化。第25师面对日军猛烈攻势，孤军奋战，师部的通信设备均被炸毁，前后方顿时失去联系，形成各自为战的局面。

展览墙的中国军队布防示意图，展示了第17军的后撤和换防情况。杜聿明被迫将第25师后撤至古北口西南约4公里的南天门阵地。12日晚，黄杰率第2师紧急赶到南天门换防，受重创的第25师撤往密云休整。

古北口保卫战，中国军队与日军激战3昼夜，其中第25师以伤亡4000余人代价，毙伤敌2000余人，此战被日军称为“激战中的激战”。

血战南天门

移步展览的第二部分，展示的是古北口长城抗战的第二阶段——南天门保卫战。

古北口一战，日军未占到便宜，也无力再攻，急调长城沿线兵力增援，中日双方形成对峙。4月15日，日军滦东方面的第6师团2个联队以及第33混成旅团抵达古北口，日方参战总兵力增至2.5万人。

中国军队接到的命令是“敌来始抗，绝不进攻”，没有抓住日军调兵增援的时机进行反攻，而采取坚守南天门阵地的消极防御。第2师在东起潮河右岸黄土梁、西达长城八道楼子，抢筑长约5公里的防御工事，企图凭借长城、潮河之险，令日军知难而退。

始料未及的是，4月20日，日军派遣一个大队乘夜偷袭八道楼子要塞得手，直接威胁南天门主阵地。第二天，守军第2师6旅奉命收复八道楼子，多次进攻未果，伤亡惨重。接着，4旅旅长郑洞国率领两个团继续强攻，爱国将士们奋不顾身，冒着枪林弹雨发起多轮冲锋，仍无法夺回阵地。

4月23日，完成集结的日军用飞机重炮猛轰南天门421高地，防御工事尽被摧毁。敌人借助八道楼子居高临下之利，用坦克掩护一个联队的步骑兵扑向421高地。4旅官兵沉着应战，待敌靠近阵前几十米时突然开火。凶猛的日军成片倒下，后一批又蜂拥而来。战况异常惨烈，阵地几易其手。旅长郑洞国急令预备队前去增援，部队刚进入阵地，便与冲上来的敌人展开白刃战，接连打退日军四轮疯狂进攻。

战至24日10时，南天门阵地一度失守，徐庭瑶立即奔赴前沿组织反攻，终在中午12时将丢失阵地夺回。后几日，日军集中炮火连续轰击，南天门主阵地变成一片片焦土碎石。第2师将士拼死坚守，伤亡惨重，至27日夜不得不由83师换防。日军趁机猛攻421高地，立足未稳的83师497团难以抵挡，被迫放弃阵地。28日清晨，日军用烟幕弹掩护，向南天门全线阵地发起总攻，坦克配合骑兵打头阵，步兵如潮水一般汹涌袭来。83师顽强与敌厮杀，至当晚被迫撤到南天门以南600米的阵地。

4月20日至5月初，中国军队3个师在南天门一线浴血奋战，誓死抵抗，打破了日寇“一星期内攻下南天门”的狂妄企图，使其遭遇到九一八事变以来的最大伤亡。

阻击石匣城

展览最后陈列的是古北口抗战第三阶段——石匣阻击战的图片和文物，以及对整个战役失利原因的探析。

5月上旬，日军继续增兵，投入第16师团3个联队及第5师团第11联队到南天门一线。10日，日军出动5000余人、10余辆坦克，借助飞机、大炮掩护，饿狼猛虎般地扑向石匣城一带的第17军。

面对日军的优势装备与集中突破，孤立无援的第17军只得死守阵地，所辖3个师落入全面被动应战的困难处境。第83 师官兵与敌鏖战不到两日即伤亡过半。刚换防下来的第2师尚未得到休整补充，便又投入作战。郑洞国率4旅刚到阵地便陷入日军前后夹攻，所剩兵力不足2000人。危急时刻，他脱掉上衣，握着手枪，带领特务排冲到最前沿，以必死之决心与来敌血战，坚守阵地，直至第25师增援赶到。

12日晨，日军投入4个旅团近万人发动进攻。中国守军第2师、第25师在各自阵地殊死一搏。猖狂的日寇用10余辆坦克冲击中方炮兵阵地，仅存的7门山炮、10门迫击炮先后被毁，失去炮火支援的中国军队被迫且战且退。日军经过4个小时的炮击和巷战，于13日晚攻克石匣城。翌日，第25师、第2师誓死奋战，顽强打退进攻不老屯、潮河右岸的日军。

与此同时，国民党军事委员会北平分会联络日军司令部谈判停战事宜，令第17军全部撤出密云。但此举并未换来侵略者的退让，19日，日军不战而取得密云县城，继而向怀柔、顺义推进，其先锋长驱直入，到达距北平城东北50公里的牛栏山一带。

中国军队先后在古北口、南天门、石匣城与日军激战70余日，伤亡12000余人，毙伤敌约5000人，未能抵挡住日军的进攻。失利的原因，除武器装备差距较大外，战术上中国军队紧急调动，仓促应战，采取"添油式"的阵地消耗战，被动防御，部队分散，后援不力，无法形成兵力和火力的局部优势；战略上没有将消灭侵略者，收复失地作为整个战役的目标，导致最终失败。其根源是国民党政府奉行"攘外必先安内"的反动政策，迫于国内外舆论压力而消极抵抗，实则谋求对日妥协。

战役结束后，古北口百姓不忍阵亡官兵的遗体四处散落，自发组织收殓、背运至古北口关城南门外。在西山脚下挖出一个大坑，一层遗体一层苇席，共埋葬360余具遗骸，形成直径18米、高10米的"肉丘坟"。1934年3月，国民政府军事委员会北平分会为纪念牺牲的抗日将士，在"肉丘坟"刻石立碑，上书"古北口战役阵亡将士公墓"。

1993年长城抗战爆发60周年之际，民革北京市委及部分政协委员共同提出修建古北口抗战纪念馆的提案，建议纪念地以公墓为主体，修建纪念碑，建立展览馆。密云县人民政府随后对公墓进行修缮，新建纪念碑及碑亭。时任全国政协副主席、民革中央主席的何鲁丽题写"长城抗战古北口战役纪念碑"碑名，并在公墓门楼两侧题写"大好男儿光争日月；精忠魂魄气壮山河"的挽联，在门楣上题写"铁血精神"4个大字。

恢宏庄严的纪念馆园，已成为揭露日寇侵华暴行、弘扬英烈抗日精神的爱国主义教育基地，激励着人们为民族伟大复兴而不懈奋斗。

（执笔：朱磊）

平北抗日战争纪念馆

平北抗日战争纪念馆位于北京市延庆区龙庆峡入口处的平北抗日烈士纪念园内。纪念馆1997年7月正式开放，2021年完成改扩建，展览面积2500平方米，主题是“红色平北　海坨丰碑”，分“抗日烽火　激荡平北”“浴血奋战　夺取胜利”“红旗招展　屹立海坨”“红色精神　赓续前行”4个部分，反映了1933年3月至1945年9月，中国共产党领导平北人民抗击日本侵略的光辉历史。

平北抗日战争纪念馆是第一批国家级抗战纪念设施、全国爱国主义教育基地、全国重点烈士纪念建筑物保护单位。

平北抗日战争纪念馆内的展览

抗战烽火燃平北

走进平北抗日战争纪念馆，一张张充满历史气息的老照片、一件件留有时光印记的历史文物出现在人们眼前，再现了八路军挺进平北，开辟根据地，开展抗日游击战争的可歌可泣的抗日故事，表现了平北军民不屈不挠、顽强战斗的伟大精神。

三进平北创建根据地

序厅的两根石柱，镌刻着当年以海坨山为中心的平北根据地示意图。

平北，指北平以北、长城内外的冀热察3省交界的广大地区，是连接平西和冀东的战略纽带。抗日战争时期，这里是伪华北、伪满洲国和伪蒙疆三个伪政权的接合部，斗争环境十分恶劣，但战略地位十分重要。

1938年6月，宋时轮、邓华率领的八路军第4纵队挺进冀东时途经平北，留下第36大队和骑兵大队开展游击战争，一度建立昌（平）滦（平）密（云）抗日联合县政府。但因敌我力量悬殊，3个月后游击队和县政府被迫撤离。

翌年春，八路军冀热察挺进军第34大队，进入平北十三陵地区，开辟抗日根据地，因难以立足，1个月后又被迫撤回平西。中共冀热察区委和冀热察挺进军军政委员会，为了打通平西与冀东抗日根据地之间的战略联系，提出“巩固平西、坚持冀东、开辟平北”三位一体的战略任务，决定：在平北采取发展中求巩固的方针，即在战术上以小部队渗透，然后逐次进兵，再波浪式向外发展。

1940年1月3日，中共冀热察区委决定设立中共平北工作委员会，以王伍为主任，抽调挺进军第9团8连为骨干，组成平北游击大队，执行第三次挺进任务。中共平北工委和平北游击大队深入昌平、延庆之间的山区后七村一带，先后建立起包括5个区的昌（平）延（庆）县政府，初步站稳了脚跟。

这年4月，苏梅接任平北工委书记，率挺进军司令部警卫连进入平北。为适应斗争需要，平北游击大队升格为游击第1支队，成为平北西部地区的主要抗日力量。四五月间，白乙化等人分批率领挺进军第10团主力1000余人进入密云一带，开辟丰滦密抗日根据地，成为平北东部地区的主要抗日力量。

展厅里有一张地图，详细展示了平北根据地早期的发展形势。八路军经过逐次进兵，先后建立昌延、龙（关）赤（城）、丰滦密、龙（关）延（庆）怀（来）4个联合县。7月，中共平北地委成立，苏梅代理书记；平北军分区成立，程世才为司令员，段苏权任政治部主任。平北抗日根据地的党政军力量得到全面加强。

平北抗日根据地的开辟，引起敌人的恐慌。1940年9月13日起，驻伪满洲国、伪华北的日、伪军集中4000余人，向丰滦密根据地进行长达78天的大“扫荡”。展厅第二部分的几幅图片，反映了平北八路军以一部坚持内线，以主力转到外线作战，连续取得土门、冯家峪等战斗的胜利，粉碎敌人“扫荡”的历史。

平北八路军打到哪里，就在哪里发动群众，建立抗日民主政权，发展中共组织。到1941年底，第10团和平北游击第1支队已达2000多人，平北抗日根据地进一步扩大，人口超过50万，新增龙（关）崇（礼）赤（城）、滦（平）昌（平）怀（来）2个联合县，在240个乡村中发展党员2250人，建立起民兵、工农青妇等群众组织，地方武装也不断加强。八路军不仅在平北站住了脚，而且严重动摇了日伪在这一地区的反动统治。

军民同心粉碎“扫荡”

走进纪念馆第二展厅，一组组照片、一件件实物充分展示了平北军民粉碎敌人大“扫荡”，战斗在“无人区”的感人场面。

1942年至1943年，在日、伪军的“扫荡”下，平北根据地严重缩小，抗日斗争处于极端困难时期。在中共平北地委领导下，平北军民顽强地坚持斗争。1942年7月，日、伪军集结重兵万余人，向平北西部地区发动空前规模的大“扫荡”。为保存有生力量，第12军分区采取避强击弱、内线和外线相结合的作战方针，与敌巧妙周旋，使日、伪军合围多次扑空。乘敌分散之机，第40团先后取得五里坡、化林子等战斗的胜利。此次反“扫荡”，共作战38次，歼灭日、伪军320余人。

为巩固平北，1943年2月，中共中央晋察冀分局做出《关于三年来平北工作总结的决定》，将平北划分为两部分，东部归冀东，西部成立中共平北地分委，受平西地委领导；第12军分区改称平北支队，由平西军分区指挥。纪念馆至今仍保存着文件原件，纸张已经发黄，历史犹在眼前。

纪念馆内还陈列着一张张反映“无人区”惨状的图片。为分割平西与冀东的战略联络，割断人民群众与八路军的血肉联系，日、伪军沿丰滦密山区修筑长达40公里的封锁沟及大量碉堡，在长城沿线制造“无人区”，把居民集中起来。

为粉碎敌人的企图，党组织提出“誓死不离山头”的口号。日、伪军驱赶群众“集家并村”，就组织群众不下山；房子烧了，就搭窝棚、钻山洞，同敌人在山头“打游击”。1943年，“集家并村”全面实行，党组织和八路军及时转变斗争策略，争取驻守“部落”的伪军人员，在“部落”内部开展群众斗争。馆内的一张照片，诉说着八路军第10团供给处主任刘勇侯，化装闯进伪乡长家里，亮明身份，晓以利害，争取其为八路军筹措物资的故事。

为克服面临的严重困难，从1943年5月开始，平北根据地大力开展减租减息和大生产运动。中共平北地分委要求坚决执行地租不得超过总产量的37.5%，债息不得超过一分五厘的原则；滦昌怀联合县提出“不荒一寸地”“每人开荒一亩”“每户养一猪”“每人养一鸡”等口号，大力开展生产自救。这些措施，团结了地主抗日，改善了军民生活，增强了根据地对敌斗争的力量。

第三展厅里一幅地图，反映了平北军民度过极端的困难时期，根据地不断发展的大好形势。到1944年，平北军民不但收复了1942年被抢占的地区，还新建滦（平）昌（平）怀（柔）顺（义）、龙（关）崇（礼）宣（化）2个联合县。

收复失地欢庆胜利

一张张激烈战斗和战场遗址的图片，记录了平北军民对敌展开局部反攻的辉煌战果。

1944年3月，双营伏击战，全歼延庆县伪清乡队；4月，猴儿山反包围战，歼敌170余人，创造敌我伤亡8：1的光辉战例；同月，峪口伏击战，全歼伪军一个大队200多人。通过反攻作战，平北八路军攻克逼退多个日伪据点，打通各联合县之间的联系，开始向宣化、张家口、怀安等地挺进，取得了对敌斗争的主动权。

为适应新的斗争需要，1944年9月，晋察冀军区决定在平北复建第12军分区，亦称平北军分区，詹大南任司令员，段苏权为政治委员，辖第10、第40团。1945年1月，平北恢复地委，为冀察第12地委，辖8个联合县，书记是段苏权。

1945年上半年，晋察冀军区部队连续发动春季攻势和夏季攻势，张家口的日、伪军处在八路军的四面包围之中。8月8日，苏联对日宣战。晋察冀军区司令员兼政治委员聂荣臻命令，平北军分区与苏联军队联络，夺取张家口。 8月20日，平北八路军发起总攻，经过4天3夜激战，解放了察哈尔省会张家口。

张家口是抗日战争时期八路军依靠自己力量收复的第一个省会城市，在军事上和政治上具有重大意义，也为中国共产党领导的抗日武装攻取和治理大城市积累了宝贵经验。展览馆内解放张家口的作战地图、缴获日伪军的枪支、欢迎八路军的标语等物品，诉说着当年那场激烈的战斗，彰显着八路军英勇抗战的荣耀。

抗战胜利后，中共承（德）兴（隆）密（云）联合县县委书记李守善，作为中共正式代表，与苏军商定共同举行接受日军投降仪式。9 月13 日下午，在古北口原日军兵营广场，苏联红军和八路军联合举行受降仪式。李守善和苏军师长乌里涅夫分别在日军投降书上签字。现场民众群情振奋，“打倒日本帝国主义”的口号声响彻云霄。

平北抗日战争纪念馆的展览，集中展示了当年平北根据地军民在中国共产党的领导下，与日本侵略者英勇斗争的历史，生动反映了中华民族伟大的抗战精神，激励着人们向着实现中华民族伟大复兴的光辉目标昂扬前进！

（执笔：乔克）

附录

侵华日军暴行旧址遗迹

侵华日军北支（甲）1855细菌部队本部旧址

侵华日军北支（甲）1855部队本部旧址主体在天坛公园西大门南侧的神乐署。1937年8月10日，日军"'北支那'临时防疫给水部"进占天坛神乐署，作为日军"华北防疫给水部"（即后来的1855部队）本部。后他们又陆续修建了7栋"病房"、100多间工作室、70多间小动物试验室，以及储存各种病毒菌种的地下冷库等，用于细菌武器研制生产。这是继731部队后，日军又一支细菌战部队，对中国人民犯下不可饶恕的滔天罪行。

天坛公园神乐署正殿凝禧殿

光鲜外衣掩盖下的恶魔部队

天坛是中国明清时期皇家祭天祈福的圣地。然而，1937年夏却闯进来一个恶魔。这个恶魔就是侵华日军北支（甲）1855部队。其本部设在北平，下辖太原、济南等13个分（支）部。他们进行细菌战实验，残害华北军民，造成100多万人患病或死亡。

白衣恶魔闯进圣地

细菌战亦称生物战，是利用细菌或病毒作武器，以毒害人畜及农作物，造成人工瘟疫的一种极端灭绝人性的行径。1932年4月，日本陆军省在陆军军医学校正式开设细菌战研究机构——“陆军军医学校防疫研究室”。1933年开始，日本陆军就在中国哈尔滨、北京、南京和广州等地，先后建立起一系列披着“防疫给水”外衣的细菌战部队。1936年，日本天皇批准正式成立日军“关东军防疫部”，并由陆军省任命石井四郎为部队长。

七七事变后不久，日军石井部队奉命“应急”编成“‘北支那’临时防疫给水部”。8月10日，“第三防疫给水班”班长白川初太郎带队，进占北平天坛神乐署。20日，日军第一野战防疫部部队长菊池齐被任命兼任“华北驻屯军临时野战防疫部”部队长。这支部队也称“天坛菊池部队”或“天坛野战防疫部”。

1938年2月9日，日军华北方面军司令部迁驻北平后，“华北驻屯军临时野战防疫部”改称“华北方面军防疫给水部”，并逐步在华北各地组建“防疫给水分（支）部”，形成整个华北的“防疫给水网”。这些部队人员身穿白大褂，貌似医护人员，表面是防疫和检查水质的工作人员，实际是培植细菌、进行细菌战来杀害中国抗日军民的刽子手。①

1939年3月，石井部队哈尔滨细菌战基地的主要成员、军医大佐西村英二，接替菊池齐任“华北方面军防疫给水部”部队长。这支部队1941年1月前也称“西村部队”。

1941年1月，日军废除以部队首长姓氏命名部队番号的规定，“西村部队”用新的番号——“北支那派遣军防疫给水部”，隶属于日军华北方面军（“甲”字兵团）司令部，部队代号为“北支（甲）1855部队”（简称1855部队）。

丧心病狂培植细菌武器

在北平的1855部队主要有3个课，分别设在北平协和医院、天坛神乐署和北海附近的静生生物调查所。

第一课对外称“卫生检验课”，实际为研究细菌（生物）战剂的专门机构。设有细菌检索及培养、血清学检验和病理解剖等7个室。

第二课是细菌生产课。下设细菌生产、血清、检索和培养基等6个室。据该部卫生兵长田友吉供述：“细菌试验室，约有10个房间，其中有细菌培养室、灭菌室、显微镜检查室和材料室等。一天，正在细菌室值班的某军医中尉指着培养器向我们解释说，这里面培养着难以计数的霍乱菌，有了这些霍乱菌，就可以一次把全世界的人类杀光。”另据史料记载：“在前天坛防疫处院内有日寇遗留下的11吨、12吨、13吨3个6米长的大消毒锅，是用来对培养菌种器具进行消毒的。仓库内还有大量的铝质培养箱，培养动物的小动物室的规模也是极大的，有4排房屋，共70余间，每间室内可饲养数百只甚至千只老鼠。日寇曾用麻袋大批运来血粉，作为细菌培养剂用。”可见，当时第二课生产细菌战剂能量之大。

第三课为细菌武器研究所，下设研究室、特别研究室及诊疗、资料等

① ［日］《林茂美口供》（1954年10月7日），载《日本帝国主义侵华档案资料选编——细菌战与毒气战》，中华书局1989年版，第310—312页。

科。这里主要生产跳蚤鼠疫细菌武器及进行人体细菌实验。战后接收第三课时，地下室发现了日军遗留的“工作室说明图”，图上的注文写道：“平时只二层楼西半部养蚤种，作战时二层、三层楼可全部养蚤，最大生产能量是24.7千克。平常养蚤最合适的数量是1.6千克。”曾从事养蚤的日本老兵松井宽治回忆：房内有数列木棚，上面放着无数的汽油罐，罐内装满了跳蚤，罐的里面放有小笼装着老鼠，供跳蚤食用。被成千上万只跳蚤吸血的老鼠，经过4天至一个星期便死去，因此每天早上都要将死去的老鼠拿到地下室去做养蛇的饵料。

人体试验更加惨无人道。据负责饲养老鼠的日本老兵回忆：“1944年夏天一过，从丰台俘虏收容所向第三课押运俘虏，一连押运3天。第一天押运6人，第二天押运5人，第三天押运6人。戴着手铐的俘虏一到第三课，就被投进了装修成监狱的房间里。俘虏有所警觉，拒绝饮食。从本部来的军医给这些俘虏注射细菌，观察俘虏的身体变化。注射后没过一天，这些俘虏就全部死亡。而后又把俘虏尸体运到第一课进行解剖。”此外，1855部队还进行活体解剖实验，造成八路军战俘近2000人死亡。

日军还在北平研究昆虫细菌武器。第三课课长篠田统认为，使用昆虫传播疾病达到细菌战目的，是一种“最优攻击”方法。他担任第三课课长时，便把研究昆虫作为细菌武器的实验活动带到这里，因此该所也称为“细菌武器研究所”。

在这里1855部队先后生产了霍乱、鼠疫等大量细菌，利用蚊子、苍蝇、老鼠、蛇虫等广泛传播，妄图达到侵占华北进而吞并全中国的罪恶目的。

残害军民人神共愤

1855部队进行毒菌生产的同时，还对华北发动细菌战。据不完全统计，1938年至1945年，就达33次之多，造成10余万军民死亡。

1942年1月，1855部队张家口支部包头出张所派出40名官兵，通过飞机在准格尔旗十二连城乡柴蹬村上空播撒鼠疫杆菌，致使该地区鼠疫流行，直接造成949人死亡。1943年8月，1855部队在北平进行霍乱菌实验，致使疫情迅速蔓延，仅两个月时间，城区就发现霍乱患者2136人，其中1872人死亡。他们还将魔爪伸向鲁西抗日边区。日军掘开南馆陶卫河大堤，将霍乱菌撒入水中，随水漂流，致使这一带霍乱横行；对范县、阳谷县等卫河东南岸尚未淹没的地区，使用飞机投下装着霍乱菌的罐头。同时，日军成立“坂本甲支队”和“广濑部队”，调查霍乱流行地域中国人的感染情况，为其细菌实验收集数据。这次细菌战，约5万人死于霍乱。因卫河决堤，960平方公里内的45万人受灾。

日本宣布无条件投降后，日军深知罪孽深重，为逃避国际法的制裁，短短几天内，连续销毁喂养的细菌跳蚤、昆虫动物、重要文件和细菌培养器具，并下令解散1855部队，把“北支那派遣军防疫给水部”番号从名册上涂去，所属官兵转隶到日军医院。那些制造毒菌的骨干扮成日侨，悄悄溜回日本。就这样，1855部队很快就消失得无影无踪了，甚至没有一人作为战犯而受到历史的审判！

然而，时间抹不掉历史的记忆，掩盖不住事实的真相。随着1855部队证人证言、档案资料的不断披露，这支魔鬼部队对中国人民犯下的滔天罪行，已逐渐大白于天下。

（执笔：郭晓钟）

侵华日军西苑兵营遗址

侵华日军西苑兵营遗址位于颐和园东侧，清末曾为御林军兵营，后为直系军阀吴佩孚兵营。卢沟桥事变前夕，中国第29军37师师部及其下属110旅在此驻扎。营区除有宽敞的练兵场外，还有4座排列整齐的营院，每座营院都有10余栋坚固的二层小楼。1937年7月29日，日军占领该兵营，即驻以重兵，同时把东北角一处营院作为关押战俘的集中营，对外称“一四一七宪兵司令部甦生队”，亦称“工程队”“北京第一收容所”“北京特别甦生队”等。这里不仅成为日军的兵营，而且还是日军的战俘集中营，用来关押中国军队战俘和各方的抗日人士。如今，侵华日军西苑兵营原建筑已不复存在。1998年7月，北京市人民政府将此地公布为爱国主义教育基地，并建立方棱尖顶形石碑，正面镌刻：“侵华日军西苑兵营遗址。”

历史上的侵华日军西苑兵营大门

日军在华北最大的战俘集中营

日军侵华期间，在华北地区设立了多处战俘营，其中规模较大的有5处，分别设在北平、石家庄、太原、济南和塘沽。北平西苑“一四一七宪兵司令部甦生队”，就是日军设在华北地区规模最大的战俘集中营。

关押战俘的禁地

卢沟桥事变爆发后，为收容战俘，日军在北平的南苑、西苑、北苑、通州、丰台等地，设立了临时战俘收容所，关押中国军人和伪冀东保安队起义人员2万余人。日军占领北平后，在西苑兵营驻扎重兵，并把一处营院作为关押战俘的集中营。

据日本战犯上村喜赖交代：日本占领平津后，北平、天津地区的野战司令部没有前线临时俘虏营，前线俘虏大多被送到西苑。太原、石家庄等地集中营容纳不下的战俘，也被送到这里。集中营常年关押的战俘大约3000人。1941年以前，主要关押国民党军队战俘。随着中国共产党领导的抗日力量不断壮大，1941年以后，被关押人员主要为八路军官兵、抗日根据地党政工作人员和老百姓。

集中营下辖俘虏收容所、警备队和工作班。俘虏收容所负责俘虏人员的生活管理和一般教育，由若干宪兵和步兵人员组成。警备队是北京地区野战司令部派来的一个营，负责警卫看守。工作班由日军华北方面军参谋部二科派驻，设有教育大队、甦生大队和训练班，教育大队负责新接收俘虏的审查、甄别；甦生大队负责训练变节俘虏；训练班负责训练特务。

战俘一进入西苑集中营，残酷的折磨就开始了。首先要点名，日军一边喊着名字，一边用木棍击打战俘的脑袋，有的战俘被打得头破血流，有的甚至被当场打晕；接着是搜身，搜出的钱物都装进日、伪人员的腰包；然后统一换成集中营囚服。如果搜身和换衣服时被发现私藏钱物，就又要挨一顿毒打。战俘来到这里就失去了姓名，一律按照天干地支顺序编班编号，有些战俘被关在一起一两年，都不知道彼此的姓名。

进入集中营后，战俘一律要经过审讯审查、分化教育和训练等环节，根据情况做出不同处理：坚持对立、拒不与日本合作的，或者被鉴定为“抗日政治立场没有变化”的，在文化条件和业务条件上对日本没有用处却有劳动能力的战俘，被编入劳动大队，送到东北、华北、华中各地，成为劳工；企图逃跑、被捕后宁死不屈的战俘，大部分作为劳工被送到日本，小部分被送到朝鲜和中国台湾；主动表示与日本合作并具备利用条件的战俘，则被编入甦生大队进行奴化教育，而后根据不同情况和条件分配任务，主要进入伪军、伪警察机构，或者到“新民会”、华北交通株式会社和陆军业务机关等部门任职。日军还选择部分变节分子编入特务训练班，培训后派往解放区和大后方，搜集情报或搞破坏活动。曾担任冀东抗日根据地第一专署武装科科长的单德贵，1944年4月被俘叛变投敌[①]。据当年的《新民报》报道，日军曾把“冀东叛变分子单德贵下面的俘虏以逃跑的方式派回冀东解放区”。日军还将特务安插到战俘营进行监视和策反。

惨绝人寰的魔窟

日军西苑集中营，高墙上堂而皇之地写着“建立大东亚共荣圈”“中日一家，和睦亲善”“皇军优待俘虏”等大幅标语。然而，这里却是人间地狱、食人魔窟，对中国战俘视如草芥，进行惨无人道的折磨与杀戮。

极其恶劣的生活条件，摧残着战俘的身心，夺去了他们的生命。一间30平方米的房屋关押着50多人，通风不畅，卫生极差。冬天天寒地冻，屋内不生火，几个人合盖一条破毯子，很多人被冻伤、冻死。战俘每日两餐，

① 《单德贵率部来归》,《新民报》1944年4月28日第一版。

每餐仅一小碗掺着沙石的粗高粱米饭，普遍营养不良、体质羸弱，加上疫病流行，死亡率奇高。日本投降后，一篇报道曾记载：“三十年六月（1941年6月），西郊收容的2000多人当中，大部都是中条山作战时被日军所俘的汤恩伯部，当时被俘的约有三千人，嗣后曾被送到东北去作工。一年余后，始重复运来北平，拘留在西苑收容所，这期间死亡的约有半数，直到此次恢复自由以前，死亡的也不少。致死原因，多半是冻饿而死。”[①]

日军种种残暴的刑罚和屠杀手段更是令人发指。每天要点名出操，战俘要用日语报号，记不住日语号码，或答不上来的，就被狂扇耳光、拳打脚踢。日军还规定，牢房内不准说话，不准交头接耳，大小便也要向警备人员报告，否则便被诬指为越狱暴动，轻则被毒打，重则遭处决。一次，一名战俘因为向外看了一眼，日军就说他想逃跑，放出大狼狗将其活活咬死。日军手段极其残忍，灌辣椒水、电刑、火烫、压杠子、倒挂活人、开膛、砍头、活埋、刺杀等手段，无所不用其极。每个牢房每天都往外抬死人，少则十几个，多则几十个，大部分都是被日军活活折磨而死。死后就送往太平间，死人多时还要上垛，之后从早到晚不停地往外抬，扔到北边树林大坑中，被人称为“万人坑”。女战俘的遭遇更加凄惨，她们除受到与男战俘一样的刑讯外，还要遭受日军的欺辱与蹂躏。

如果被关押人员不堪忍受残酷折磨，冒死逃跑，就会遭到日军更加残忍的报复。据曾被关押在这里的薛涛回忆：有一天，日军押送他们150多人，到北平西南的长辛店做苦工。他们趁机暴动，遭到血腥镇压，100多人死于日军枪下。

日军对被俘的八路军最为恶毒，甚至用最惨无人道的人体实验进行残害。曾两度被关押在这里的田春茂回忆：敌人对八路军被俘人员，除照例施行“点名打棍”外，还搞医疗实验。在右臂上打一针不知什么药，用石膏包扎一星期，肌肉即溃烂腐败，以致断臂残废，许多人因感染甚至失去了生命。

---

① 《我国战俘未来行止》,《明报》1945年9月1日第一版。

关押者被充作劳工

侵华战争期间，日军为弥补后方劳动力不足，从中国各地强掳大批平民，到其占领区及日本本土充当劳工。大量在西苑集中营关押者被日军充作劳工输送到华北、东北各地甚至日本本土。

西苑集中营建立之时，日军就强迫被俘人员做苦工：有的被送到石景山制铁所去炼铁，有的被送到承德修筑经古北口到通县的铁路，有的被送到张家口、大同等地修筑工事，还有的被押送到东北、华北的矿山或工厂当劳工。据一位叫温文南的战俘回忆："我们开始时常去附近的日本兵营做劳役，以后又到先农坛南城墙下挖洞，还到过德胜门内喇嘛庙北城墙下挖洞，建汽油库、弹药库。每天从早到晚不停地干，要劳动十几个小时，拼命地做些挖土方、打洞、运料的活，吃不饱，再加上患病，全身虚肿无力。监工的警防人员见谁不使劲干，就棍打脚踢，有的人被打得再也没有爬起来。"①

12岁至16岁的少年俘虏，也未能幸免。据伪华北政务委员会治安总署《武德报》1941年10月5日报道："于前次中原会战成为俘虏、现于北京俘虏收容所收容十二岁以上至十六岁之少年计七十二名……最近与华北劳工协会协议结果，决使此七十二名之少年加入石景山制铁厂内之少年工养成所。"

太平洋战争爆发后，日本国内劳动力严重不足。日军开始强征中国劳工到日本从事重体力劳动。史料记载，一批有姓名的100名西苑集中营被关押人员，就有50人被迫充当劳工，其中40人被输往日本。据受害人回忆，凡被强制掳往日本的劳工，在集中营待的时间很短，多数关上一个月左右就被押往日本。

1945年8月15日，日本宣布无条件投降。起初，日军还企图隐瞒，直

① 温文南：《苏生队的血泪纪实》，载何天义主编：《日军侵华集中营——中国受害者口述》，大象出版社2008年版，第263页。

到27日才不得不公布了日本投降的消息，并分批释放被关押人员。据北平《明报》1945年8月31日报道："在西郊收容之我军俘虏二千五百余人，经关系方面交涉结果，于二十七日接出后，除大部均已各返家乡、亲友等处外，其余由北平静慈救济总会迎至该处海淀救济收容所，为数约三百余人。"至此，臭名昭著的日本侵略军"北平西苑一四一七宪兵司令部甦生队"走到了末日。

1998年7月，北京市人民政府在日军西苑集中营原址建立方棱尖顶形石碑，镌刻碑文："一九三七年侵华日军'北平西苑一四一七宪兵司令部甦生队'驻扎此地。日军在此关押抗日干部、中国士兵及劳工两万六千余人，并以电刑、火烫、活埋、细菌实验等手段残害中国人……"日本侵略者犯下的累累暴行，永远被钉在历史的耻辱柱上。

（执笔：冯雪利）

石景山制铁所遗址

石景山制铁所遗址位于北京市石景山区原首钢厂区内，建筑物现仅存两座碉堡，分别建在石景山北坡和西南坡。碉堡为灰白色圆柱体，钢筋水泥结构，上有通风孔，下有长方形射击孔，是1940年前后日本侵略者为保护制铁所而建立的军事设施。

石景山制铁所前身为石景山炼铁厂。北平沦陷期间，制铁所成为日本侵略者掠夺华北资源、奴役中国劳工、生产战略物资的重要基地。抗战胜利后，国民党政府将其更名为石景山钢铁厂。新中国成立后，石景山钢铁厂获得迅速发展，1966年更名为首都钢铁公司。2008年首钢厂区搬迁，后成为首钢工业园，被列入“北京市优秀现代建筑保护名录”。

石景山制铁所遗址残存的堡垒

石景山制铁所的血泪控诉

北京长安街西延长线上、永定河东岸，矗立着一片年代感浓厚、壮观林立的高炉和厂房，这是承载着百年来中国钢铁工业不平凡历史的首钢工业园。然而，厂房旁边的石景山半山腰上，却筑有两座灰白色碉堡，这里便是沦陷时期日本控制的石景山制铁所遗址。它经历了北平制铁工人那段屈辱黑暗的岁月，成为日本侵略者掠夺中国的一个铁证。

日本攫取中国资源的重要基地

石景山制铁所的前身是石景山炼铁厂，1919年由北洋政府官商合办的龙烟铁矿公司出资开始筹建。经过三年建设，一座设计日产250吨生铁的高炉及配套工程大体完工。由于军阀混战、资金告罄等原因，无力完成收尾工程，只有配套建设的将军岭石灰石矿建成投产。

资源匮乏的日本对华北的铁矿资源觊觎已久。早在1914年察哈尔省张家口地区龙关县发现铁矿的消息披露后，日本就派人前往勘察，并拿到矿石标本。此后，又多次刺探龙烟铁矿公司情报。1935年秋，日本华北驻屯军派人到石景山炼铁厂以参观为名，进行侦察活动，并寻衅殴打中方人员，被驱逐出厂。

七七事变后，日本侵略者占领石景山炼铁厂，翌年4月改称石景山制铁所，实行军事管理。1940年12月，日军将制铁所和将军岭石灰石矿合并，成立石景山制铁矿业所。两年后，日伪当局在矿业所基础上，成立“北支那制铁株式会社”，后又改称石景山制铁所。

制铁所在日军“以战养战”中畸形发展，大体经历两个阶段：第一阶段始于占领之初，1938年11月对原有1号高炉及配套工程完成应急修复，开始运营；第二阶段是1942年12月至战败投降，大肆扩建增产，增建第2高炉和11座特型炉。

太平洋战争爆发前后，美、英等国对日本实行贸易禁运，禁止向其出口钢铁、石油等战略物资。日本侵略者便把中国变成后方基地，对铁、煤、盐等军需物资进行重点榨取。制铁所的地位更加凸显，成为日本掠夺华北矿产资源，进而生产战略物资生铁的一个重要基地。华北方面军司令官冈村宁次曾两次到制铁所巡视。

1938年11月至1945年8月，制铁所共生产生铁26万余吨，大量消耗中国的铁矿石、煤炭、石灰石、水、电、土地等资源。据“北支那制铁株式会社”董事长福田庸雄说：“本制铁所主要产品为生铁，其中十分之六运往日本炼钢，十分之四留本地建设使用。”[①]运往日本的优质生铁炼钢后，很快成为侵略战争的军事装备；而留在本地的生铁，主要供给日伪当局控制的华北各大城市，生产自来水管道、煤矿管道等设施，以巩固在中国的殖民统治和持续掠夺资源。

奴役中国劳工的魔窟

“火车一冒烟，来到石景山。进了制铁所，犹入鬼门关。来到石景山，入了花子班。披着麻袋片，窝铺露着天。一进义和祥，如同见阎王。虱子连成串，吃的混合粮。催班鞭子打，劳累苦叫娘。棍棒刺刀下，小命早晚完。”这首制铁所劳工们自编的歌谣，以朴实的语言，控诉了日本侵略者罄竹难书的滔天罪行。

1938年6月，日方在制铁所周围36个村庄组成所谓“石景山工业地带（区）爱护会”，日本人充当指导官，汉奸充当会长、副会长及翻译，竭力推行奴化教育。他们通过诱骗、强掳、抓捕等各种手段，大肆扩充制铁所

① “北支那制铁株式会社”编：《北支那制铁株式会社概要》（1945年9月），第3页。北京市档案馆馆藏资料，J61–1–232。

劳工队伍，规模一度达到3万人。

“爱护会”的外衣，掩盖着沾满中国劳工血泪的镣铐和刺刀。强占之初，制铁所就成立警防部，下设警备队和保安系，小队长以上都由日本人担任。同时，设有特务机构，下设5个便衣组织。特务组织设有数层外围侦察网，厂内各个机构也都派有人员。他们常常穿着工人的衣服混到劳工中，还收买一些狗腿子、把头，为他们搜集情报。只要被他们盯上，不是遭受严刑拷打，就是死在刺刀之下。

制铁所工程的承包企业被称为“外租头”，下设大、小把头，也被称作“吸血管”。义和祥在众多外租头里，因残酷压榨劳工而臭名昭著。它由日本特务和汉奸合办，机构十分庞大，总部设在沈阳，分支遍布华北、华东各地。义和祥在制铁所控制的劳工有1万人左右，都是从各地抓来或者骗来的农民。劳工进入工地，便如同进了监狱，完全丧失自由。干活时，把头拿着棍棒监视，干累了直一直腰，立刻遭到毒打；睡觉时窝棚门口有人看守，出去大小便，也有人跟随；每天工作长达18小时，凌晨3点上工，晚上9点才下工；他们住在又湿又小、用席子搭成的窝棚里，冬天酷冷，夏天闷热，雨季时更加悲惨，棚里潮湿，臭气熏天，很多劳工患上猩红热和痢疾。

劳工们初来时，一般还有几件衣服，算得上身强力壮。沉重的体力劳动和把头严酷的折磨，很快使他们个个瘦得皮包骨，“三分像人，七分像鬼”。三九寒天，他们衣着单薄，很多被冻死在寒风中。为了躲避严寒，有的劳工冒险钻进烟道取暖，被烟气夺去生命。有一年冬天，仅死在高炉烟道里的就有30多人。

制铁所多次扩建征地，周边农民失去土地，经济陷于困顿，甚至家破人亡。北辛安村的农民刘玉明原有2间土房、6亩水地，生活也算过得去。日军圈地后，刘玉明全家老小只得搬进窝棚。为挣口饭吃，刘玉明被迫进了制铁所，每天挣4毛钱和1斤多棒子面，根本养不起全家，只得把两个女儿送人。留下的大女儿在捡煤核时，被矿警追得走投无路跳河自杀，妻子也悲愤而死。

制铁所还大批招收童工，最多时达2000多名，年龄最小的只有9岁。繁重的体力劳动，使很多孩子被折磨而死。一个叫陈白果的小孩，连续工作48小时后，下工时跌跌撞撞掉进粉煤坑里被呛死；西黄村一个姓张的孩子在炼焦部抬炭，因日本把头在后面催促，失足掉进烧焦炭的开水沟里被烫死；洗煤工段的刘小胖因劳累不堪，上工时打瞌睡，跌进洗煤的升降机中被绞死。正如劳工们所说："永定河边苦难多，白骨堆成山，血泪流成河。"

中国劳工不屈抗争

哪里有压迫，哪里就有反抗。日本侵略者血腥残忍的压榨，激起制铁所工人和周边群众的奋起抗争。

在中共地下党组织的领导下，劳工们通过毁坏机器、制造故障、打乱程序等方式，巧妙地破坏生产。制铁所最多时有13座高炉，多座经常不能生产，一方面是日方盲目赶进度导致生产设备毛病不断，另一方面是因为工人们有意破坏。2号高炉原料场的中共地下党员卢焕章曾跟工友们说："我们就是要千方百计搞乱炉子的上料程序，让炉子难产，就是不能让他们好了。"

劳工经常采取"泡"和"毁"的办法。"泡"，就是有监工在就干，监工一走就歇，白班不好泡就夜班泡。"毁"：一是在给高炉上矿石等原料时，专拣大块的，不砸碎就直接往料罐里装，以此延长冶炼时间；二是打乱上料程序，如只上焦炭不上矿石，高炉干烧也炼不出铁来；三是制造生产设备事故，有意让拉着炼铁原料的机车在弯道上超速行驶，造成脱轨。一次，制铁所开展"生产增强旬"活动，经过劳工们的巧妙斗争，铁产量仅完成计划的55%。

劳工们不畏强暴，还精心策划火烧日本国旗。1941年12月1日，是1号高炉大修后投产的日子，当局举行点火仪式，并在高炉顶上升起了日本国旗。结果当天下午，高炉顶上的旗子被喷出的炉火烧掉了！日方管理人员赶到现场调查，看到值班的中国劳工何文、李树德和任智珍正在修理炉顶上的制动阀门，便质问烧毁原因。面对逼问，何文冷静答道："阀门的蒸汽制动系统失灵，致使炉火喷出，我们正在修理。"日本人并不相信，扬言要彻查清楚严厉惩治，但找不到真凭实据，最后不了了之。其实，这是何文等人故意同时打开机盖和门阀，才导致炉火喷出烧毁旗子的。

面对日方的欺凌侮辱，一些劳工忍无可忍，以死相搏。电力车间的木工马凤武，经常遭到日本监工加成的毒打。他压抑不住满腔的怒火，安置好家中老小后，趁着加成夜里只身上厕所的机会，抄起一把铁锹跟了进去，结果了加成的性命。随后，通过工友们帮助，马凤武逃出了工厂。

劳工们不屈反抗的同时，中国共产党领导的抗日武装力量也经常对制铁所及附近相关设施进行袭扰。据不完全统计，日占时期，先后开展了59次较大规模袭击，仅1939年就有28次。1944年3月14日凌晨，700多名游击队队员联合制铁所1300多名劳工，袭击了日本矿业大台煤矿，击毙警备副团长，俘虏4名日本人和19名汉奸，并缴获了一批武器弹药和粮食物资。[①]

抗日战争胜利后，国民党政府将石景山制铁所更名为石景山钢铁厂。新中国成立后，石景山钢铁厂获得新生，生产迅速发展，仅1952年产量便超过新中国成立之前30年的总产量，1966年改称首都钢铁公司，改革开放后获得跨越式发展。2008年，为举办绿色奥运会，首钢生产部门迁至河北唐山曹妃甸。14年后，首钢旧址成为2022年北京冬奥会的赛事举办地之一，成为北京的一张文化“金名片”。

（执笔：苏峰）

① 转引自王海澜:《首钢简史——日本侵华时期的石景山制铁所》，人民出版社2012年版，第104—105页。

王家山惨案发生地

王家山惨案发生地位于北京市门头沟区斋堂镇王家山村。1942年12月12日黎明时分，驻斋堂据点的日军头目赖野和汉奸宋福增，带领日、伪军50余人偷袭昌（平）宛（平）联合县斋堂镇王家山村，将42名手无寸铁的老弱妇孺活活烧死，制造了骇人听闻的王家山惨案。惨案的发生，更激发了王家山群众投身抗战的决心，他们脚穿白鞋，拿起武器，组织起“白鞋游击队”，英勇地与日、伪军进行斗争。为使后人铭记国耻、缅怀死难同胞，1997年5月，北京市人民政府将王家山惨案发生地列为“国耻纪念地”，并立汉白玉碑，正中竖刻“双十二惨案纪念碑”8个大字。

王家山惨案遗址

王家山的控诉

“兄弟呀，姐妹呀，莫悲伤哪咳，团结起来齐抗战，消灭鬼子和汉奸哪，哎哎哎嗨哟，为死者报仇怨哪。”这支悲壮的《王家山小调》，至今仍在京西门头沟一带传唱，控诉当年日军在王家山屠杀抗日群众的滔天罪行，悼念在惨案中罹难的同胞，颂扬中国人民顽强不屈的抗战精神。

平西抗日堡垒村

1940年秋，日寇增兵华北，运用所谓军事、政治、经济、文化等手段的“总力战”，对平西抗日根据地进行残酷“扫荡”，在平西斋堂川建立据点。从1941年3月至1942年12月，日军第137师团连续发动5次“治安强化运动”，在昌宛地区采取“并村”，制造“无人区”，妄图割断民众和八路军的血肉联系。

王家山村位于斋堂以北的山上，有40多户人家。日、伪军进入斋堂后，村民坚持抗日斗争，自愿参加游击队，配合八路军割电线、埋地雷、破坏公路、偷袭据点、伏击日军，小小的村庄虽然人口不多，却在抗战前沿发挥了重要作用，成了平西抗日的“堡垒村”。

日、伪军把王家山村的抗日干部和群众看成地方“治安”的眼中钉，千方百计地要扑灭王家山的抗日烈火。1942年12月12日，日军头目船木健次郎大佐，纠集各据点的日、伪军，分两路偷袭王家山，企图一举围歼八路军游击队。

此时，天刚蒙蒙亮，正在放哨的民兵王文智没有放松警惕，他发现日、伪军摸了上来，果断地开了一枪。早起的村民张巨银前往水井挑水，听到枪声，意识到有敌情，马上丢下水桶，一路奔跑，向村党支部书记王天忠报告。王天忠听后，立即通知其他干部，组织全村群众迅速转移。

王家山东、西、南三面是峡谷峭壁，只有北面有一条比较平坦的出路。王天忠带领大家向北撤离，不料这条出路已被日、伪军封锁，于是只能往回跑。王天忠回到村里的中心街，大声喊道："大家不要乱，咱们向南撤！"但由于南边没路，全是峡谷、悬崖，大家拼尽全力，也只有部分身强力壮的干部、民兵和群众从这里离开。老弱妇孺实在没办法，只能留在村里。

这时，天已大亮，日、伪军开始挨家挨户搜捕党员、干部和游击队。他们把乡亲们赶往街中心，架起机枪，端起刺刀，气氛变得紧张起来。日军小队长赖野凶神恶煞地吼道："你们说，是谁打的枪？毛猴子（游击队）往哪边跑了？"村民们怒视着赖野，无一人回答。此时，民族败类、汉奸宋福增凑到赖野身边一阵耳语。赖野听后狞笑了一阵，挥手说："统统地，那边地干活。"乡亲们被全部押到两间房子里。宋福增为讨好日本人，陪着赖野进屋威胁乡亲们："你们说不说，不说谁也甭想活命！"结果，仍然一无所获。这个丧尽天良、没有人性的铁杆汉奸，气急败坏地把一锅滚烫的玉米粥一勺一勺地浇在乡亲们头上。大人忍着剧痛，怒目相向，唯有不懂事的孩子被烫得哇哇大哭。但无论怎么威逼利诱，乡亲们都坚定地回答："不知道！"

日军暴行

面对大义凛然、宁死不屈的王家山村民，赖野无计可施，他一挥手出了屋，命令部下用铁丝拧住门鼻儿。日军将歪把子机枪架在对面的台阶上，一排排寒光闪闪的刺刀和数十个黑洞洞的枪口，对准门窗。

日、伪军丧心病狂，要对手无寸铁的村民下毒手。刽子手把一捆一捆的谷草和玉米秸点着，从窗户扔进屋内。起初，乡亲们还能用屋内水缸的水将火扑灭，但很快就没水了。残暴的刽子手并没有住手，又将数十捆谷草等柴火靠在屋檐下，连房子一起点燃。霎时间，屋内外浓烟滚滚，一米多高的火舌直扑房梁。宋福增70多岁的姑姑王宋氏怒骂道："宋福增，你个挨千刀的，你不得好死，家中出了你这个孽种，老天爷是不会饶恕你的。”屋内的叫骂声、孩子的啼哭声和烈火燃烧的噼啪声交织在一起。王家山村民宁可被烧死，也没有一个人透露游击队的去向。随着火势越来越大，屋内的声音变得越来越小，直到最后没了声音……房子被烧塌落架后，日、伪军方才撤走。

日、伪军撤走后，先期转移出去的人陆续回到村里，看到眼前的一幕，都惊呆了。原本好端端的一家人瞬间阴阳两隔，有的人成了孤儿，有的人成了无依无靠的老人。人们失声痛哭，咒骂日、伪军这群强盗、野兽，凄惨的哭声震撼了整个山村……

日军制造的王家山惨案，人神共愤！当废墟中的遗体被扒出来时，大部分死难者已面目全非，无法辨识，村党支部带领大家，将遇难者的遗体埋葬在一起。这次惨案共造成42人遇难，其中70岁以上老人2人，中青年妇女12人，其中6人怀有身孕，16岁男孩1人，15岁以下的儿童27人，最小的刚刚满月。17户人家从此绝户。

铭记国耻

“我们大家一定要挺住，这个血海深仇，我们一定要报，要让敌人用血来加倍偿还！”王天忠和支委王天吉、王天阁、王天官带领王家山人发出铮铮誓言：“王家山人是杀不绝的，只要有一个人还活着，只要还有最后一口气，就要和敌人拼到底！”

惨绝人寰的王家山惨案震惊了平西，震惊了整个晋察冀抗日根据地。《晋察冀日报》三次报道惨案发生的经过和平西人民为死难者报仇的决心。昌宛县、区领导亲临现场处理后事，慰问遇难者家属，县委发出《告全县人民书》，号召全县人民为遇难的骨肉同胞报仇雪恨。

王家山村青壮年化悲痛为力量，他们有的参加了八路军，有的加入了游击队。为纪念惨死的亲人，游击队队员全部穿白鞋，被称为“白鞋游击队”，活跃在平西抗日根据地，与日、伪军进行殊死搏杀，直到抗战胜利。

天网恢恢，疏而不漏。王家山惨案的刽子手赖野，于1943年“扫荡”

涞水县时被八路军击毙；汉奸宋福增，抗战胜利前夕逃到北平，改名换姓拉洋车，新中国成立后被抓捕归案，接受人民审判，执行枪决；王家山惨案的策划者船木健次郎，在抗战胜利前夕被八路军生俘。

1956年5月，中华人民共和国最高人民法院特别军事法庭在沈阳开庭，王文明、王淑兰、王文茂三人作为王家山惨案遇难者家属和见证人出庭做证。他们声泪俱下的控诉，使听众席上的2000多名群众悲愤落泪、泣不成声。在铁的事实面前，船木健次郎对其罪行供认不讳，签下认罪书。法庭宣判，船木健次郎被判处有期徒刑20年。

鉴往事，知来者。王家山惨案已经过去80年，但村中被烧毁的房屋、被熏黑的残垣断壁以及42名罹难者的合葬墓，仍在默默控诉着日军当年的暴行。历史昭示我们，国耻不能忘记，悲剧不能重演，必须向着中华民族伟大复兴的光辉彼岸奋勇前进，才能告慰英灵，确保江山永固。

（执笔：范晓宇）

岔道万人坑遗址

岔道万人坑遗址又称“活人坑”，位于北京市延庆区八达岭镇岔道村。1942年，日军为切断中共昌（平）延（庆）抗日根据地南北间的联系，从绥远省以及附近的张家口、张北等地抓来6000多名劳工，着手修建一条封锁沟。由于施工条件和生活环境十分恶劣，不少劳工患上肺结核、霍乱等疾病，日军便将他们拉到岔道村，推入一个提前挖好的深坑，纵火焚烧，罹难者达七八百人。当地群众不知其详数，把它叫作万人坑。岔道万人坑是日本侵略者屠杀中国人民铁的罪证。

岔道万人坑遗址

岔道村见证罪与恶

“他们是手无寸铁的百姓，他们是民族屈辱的见证，他们的尸骨至今燃烧着熊熊怒火，照耀我们胜利的信念更加坚定。”这是岔道万人坑遗址纪念碑上镌刻着的文字。纪念碑脚下埋葬着数百名无辜被杀的中国普通民众，旁边矗立的浮雕重现了侵华日军制造万人坑惨案的场景。

强征劳工修建封锁沟

长城脚下的岔道村，始建于明朝建文年间，距今已有600余年历史。该村有3条路，分别通往东南的北京城、北面的延庆县城和西北的河北怀来县方向，古时称作“三岔口”。作为北京出关的一个重要隘口和驿站，岔道村是连接北京与河北的纽带，也是古时传递军事信息和交通的中转站。

长城抗战失败后，喜峰口、古北口等沿线沦为日占区。为深入敌后抗战，从1938年起，八路军相继挺进平西、平北、冀东，建立抗日民主政权，开展抗日游击战争，开辟了大片抗日根据地。在延庆地区分别建立起以南碾沟为主的南山和北山两个抗日根据地。根据地的抗日活动令日本侵略者非常忌惮。1942年，日军纠集伪满洲、伪蒙疆、伪华北3部伪军联合行动，对平北根据地实行“蚕食”进攻，企图将根据地分割成若干小块，然后各个击破，彻底摧毁。

8月，为切断中共昌（平）延（庆）地区南山和北山之间的军民联系，日、伪军准备沿延庆南山山脚，在八达岭长城脚下的岔道和妫川端头的永宁之间，开挖一条“封锁沟”，用以分割蚕食以至消灭南山抗日根据地。由于工程量大，日、伪军先后从绥远省和附近的延庆、怀来、张北等地抓来

6000余名劳工，又调来500名日、伪军当监工。这条封锁沟全长30多公里、宽8.5米、深约10米，每隔1公里修建一座炮楼，敌人美其名曰“惠民沟”，当地百姓则称之为“毁民沟”。

惨绝人寰的活人坑

日、伪军将从绥远掳掠来的劳工赶进像闷罐子一样的火车，经过几天颠簸，行程六七百里，押往工地。由于路上时常不给食物和水，连上厕所都只能在车上解决，很多劳工闷出了毛病。劳工们到工地后没有住所，晚上睡在用木头圈起来的露天空地上，天不亮就被监工的皮鞭刺刀赶起来上工，一直干到半夜，每天劳动十七八个小时。为防止劳工逃跑，日、伪军还在四周布下荷枪实弹的哨兵，看管森严。

1943年初春，大地还未解冻，山石坚硬，要挖出10米深沟，施工异常困难，也很危险。劳工们有的被塌方砸死，有的被炮崩死，摔伤、砸伤的更多。劳工尸体被随意丢弃，有的被狼吃狗拽，惨绝人寰。日军看劳工不顺眼，随时施以毒打，并公开杀害不服从管教的劳工。抗拒劳役或逃跑被抓回来的劳工，有的被扒光衣服用皮鞭抽打、灌辣椒水，直至折磨断气；有的被铁丝捆绑后推入深坑摔死，其惨状目不忍睹。

劳工们干的是牛马活，吃的却是发了霉的黑豆面、高粱米，喝的是直接从地上舀起的脏生水。为了不让劳工吃饱，日军还在食物中掺进沙子、泥土，并故意不把饭煮熟。由于过度疲劳和非人的生活，不少劳工染上肺结核和霍乱。面对严重的传染病，日军非但不给治病，反而往劳工肚子里灌凉水，导致病情恶化。

病情严重的劳工被关进“集中营”。所谓“集中营”，就是长18米、宽3米、深3米的大地窖。地窖里阴暗潮湿，老鼠成群结队，跳蚤多如牛毛，几百个病人无法躺卧，只能挤在一起。因为无法劳动，连发了霉的高粱面窝窝头也吃不上，几天下来上百名患病的劳工先后身亡。当时在民工中传唱着这样的歌谣：“手里端着霉烂饭，身上披着麻袋片，回到‘集中营’再一看，民工病了一大半。”这正是对劳工悲惨生活的真实写照。

残忍的日军将生病的劳工一批批从地窖里拉出来，从10米多高的岔道城西北角上推下去。随后扔进事先挖好的深坑里，坑里架上大垛的干草和木柴，浇上煤油、汽油，纵火焚烧。没有摔死的劳工发出阵阵凄厉的惨叫声，有的劳工顽强地往外爬，又被敌人用刺刀挑进深坑。

岔道村村民张义是“活人坑”惨案的见证者。据他回忆，当时村里只剩下几十位老人和孩子。日军占据民房，将所有村民赶到一个院子里集中看管。焚烧劳工那天，日军严密把守，禁止百姓围观。时年仅9岁的张义，看到弥漫在整个村庄上空焚烧尸体的浓烟，闻到刺鼻的焦臭味，心中不寒而栗。这一幕在他幼小的心中留下了噩梦般的记忆。

扑不灭的抗日烽火

日本侵略者的法西斯暴行，激起当地军民和广大劳工的强烈反抗。在中共党组织的领导下，岔道村成立人民武装委员会（简称“武委会”）。武委会秘密发动群众，为八路军筹粮筹款、搜集情报，参加抗击日、伪军的战斗。

京张铁路是日军的重要运输线。为切断日军物资供应，一天，岔道村游击组得到情报，一列运输日本军用物资的火车要从岔道经过，只有10余个士兵押运。于是，游击组提前埋伏在铁路两旁，不料，这辆车上的军用物资十分重要，日军增加了比平时多两倍的押运兵力，车尾还有1挺机关枪。游击组正准备登上火车抢夺军用物资时，被敌人发现，遭到猛烈攻击，7名战士壮烈牺牲，其余人员被迫撤退。

残酷的压迫和繁重的劳动，迫使劳工们团结起来进行反抗。他们有的偷拆沟墙，有的在夜间打死监工，一起突围逃走。1943年秋，八路军第10团接连袭击监督挖沟的日、伪军，劳工们趁机发起暴动。他们推倒围墙，填埋“封锁沟”，冲破敌人围追，奋力逃走。一个多月里，先后有2000多名劳工成功逃出日寇的魔掌。

1945年8月15日，日本宣布无条件投降；9月2日，中国人民抗日战争取得胜利。日本侵略者企图通过修建“封锁沟”分割、蚕食根据地的阴谋宣告彻底破产。

1965年，延庆县组织对岔道“活人坑”进行挖掘，一具具尸骨被挖出，有的残肢断臂，有的手足成灰，有的额烂头焦，共计七八百具。1997年，岔道万人坑被北京市政府确定为国耻纪念地，2001年被列为市级文物保护单位。

（执笔：贾变变）

后 记

“北平抗日斗争历史丛书”是北京市红色资源保护传承利用工程的重要组成部分。丛书以北平抗日斗争为主题，全景式展现了北平军民14年不屈斗争的历史画卷，深刻揭示了北平在全国抗战中的重要地位和作用。

丛书项目由北京市委党史研究室、市地方志办主任李良统筹策划，经专家团队反复论证，室务会研究确定，并报请市委批准。市委高度重视，市委常委、组织部部长孙梅君全程关注，并就打造精品力作多次做出指示。为优质高效推进编写工作，专门成立编委会和编委会办公室，并进行了明确分工。经过一年多艰苦努力，顺利完成丛书编写任务。

丛书主编杨胜群、李良从确定选题到谋篇布局，从甄别史实到提升质量，实施全面指导、严格把关；陈志楣负责丛书组织编写工作，并审改全部书稿；张恒彬、刘岳、运子微、姜海军对书稿提出宝贵意见。

《北平抗日斗争遗址遗迹纪念设施》作为这套丛书中的一部，主要由市委党史研究室、市地方志办24位同志负责撰写。主责处室：陈丽红3篇，曹楠2篇，苏峰3篇，常颖4篇，乔克4篇，贾変変4篇。参与处室：宋传信2篇，史晔1篇，王雅珊1篇，王晨育1篇；王鹏1篇，董志魁2篇，王化宁1篇，朱磊2篇，郝若婷2篇；黄迎风2篇，高俊良2篇；冯雪利3篇，郭晓钟1篇，刘慧3篇，方东杰2篇；韩旭2篇，李昌海3篇，范晓宇3篇。中国人民抗日战争纪念馆李庆辉1篇。专责编委范登生、李涛全程指导和统稿，温瑞茂、沙志亮、崔玉光、彭化义、唐春华、杨新华等专家对书稿逐一审改，黄如军、刘庭华、岳思平、郭芳、李蓉、李树泉、左玉河、刘国新、姜廷玉、赵小卫等专家提出修改意见。联络员乔克具体负责组织协调等工作。

北京出版集团所属北京人民出版社全程参与本书策划论证和审校出版

工作。本书参阅了许多公开出版或发表的文献资料和研究成果。在此，谨向所有为本书编写工作做出贡献的单位和同志表示诚挚的感谢！

由于时间仓促，加之编写水平有限，本书难免存在不足之处，敬请读者批评指正。

丛书编委会

2022年12月